Esra Cebeci

Hıyar Hibrit Tohum Üretiminde Tohum Kalite ve Miktarı

Esra Cebeci

Hıyar Hibrit Tohum Üretiminde Tohum Kalite ve Miktarı

Türkiye Alim Kitapları

Impressum / Yayınevi adı
Bibliografische Information der Deutschen Nationalbibliothek: Die Deutsche Nationalbibliothek verzeichnet diese Publikation in der Deutschen Nationalbibliografie; detaillierte bibliografische Daten sind im Internet über http://dnb.d-nb.de abrufbar.

Deutsche Nationalbibliothek tarafından yayınlanan bibliyografik bilgiler: Deutsche Nationalbibliothek, bu yayını Deutsche Nationalbibliografie'de listeler; detaylı bibliyografik bilgi İnternet'te http://dnb.d-nb.de sitesinde mevcuttur.

Coverbild / Kitap kapağı resmi: www.ingimage.com

Verlag / Yayıncı:
Türkiye Alim Kitapları
ist ein Imprint der / yayınevinin bir ticari markasıdır
OmniScriptum GmbH & Co. KG
Heinrich-Böcking-Str. 6-8, 66121 Saarbrücken, Deutschland / Almanya
Email / E-posta: info@turkiye-alim-kitaplary.com

Herstellung: siehe letzte Seite /
Basım yeri: son sayfaya bakın
ISBN: 978-3-639-67222-0

İÇİNDEKİLER

ÖZET

HIYAR (Cucumis sativus L.) F_1 TOHUM ÜRETİMİNDE, MEYVE SAYISI ile TOHUM MİKTARI ve KALİTESİ ARASINDAKİ İLİŞKİLER

Esra CEBECİ

Bu araştırma, Antalya koşullarında hıyarda (*Cucumis sativus* L.) melezleme yöntemi ile yapılan tohum üretimlerinde bitki üzerinde bırakılan tohumluk meyve sayısı ile tohum kalitesi ve miktarı arasındaki ilişkileri belirlemek amacıyla yapılmıştır.

Bircan Fide Tohum A.Ş.' ye ait ticari hibrit bir hıyar çeşidi olan Yaren'in ana ve baba hatları kullanılarak yapılan çalışma Tesadüf Blokları Deneme Desenine göre 4 tekerrürlü ve her tekerrürde 5 bitki olacak şekilde kurulmuştur. Bitkiler üzerinde bırakılan meyve sayısının 1' den 13' e kadar değişiminin etkileri incelenmiştir.

Araştırmada; tohumluk meyvelerin eni (cm), boyu (cm), ağırlığı (g), bitki başına tohum verimi (g/bitki), 1000 tane ağırlığı (g), çimlenme hızı ve gücü ile sürme hızı ve gücü gibi parametreler üzerinde durulmuştur. Buna göre en yüksek meyve çapı (3.65 cm), meyve boyu (31.33 cm) ve meyve ağırlığı (731.0 g) değerleri üzerinde 1 meyve bırakılan bitkiden elde edilirken, en yüksek tohum verimi (79.08 g) 11 meyve bırakılan uygulamadan elde edilmiştir.

Araştırma sonucunda bitki üzerinde tutturulan meyve sayısı arttıkça, meyvenin çapı, boyu ve ağırlığı gibi değerlerle, çimlenme hızı ve gücü ile sürme hızının azaldığı ve farklı sayıdaki meyve uygulamalarının sürme gücüne etkisinin önemsiz olduğu saptanmıştır. Yaren çeşidi hibrit hıyar tohum üretiminde tohum kalitesini düşürmeyen en yüksek tohum verimi bitki üzerinde 6-8 meyve bırakılmasıyla alınmıştır.

Anahtar Kelimeler*:* Hıyar, tohum verimi, tohum kalitesi

ABSTRACT

THE RELATIONSHIP BETWEEN FRUIT NUMBER and SEED QUALITY and QUANTITY in F_1 CUCUMBER SEED PRODUCTION.

Esra CEBECİ

This study was conducted in Antalya ecological conditions for determinig 'The Relationship Between Fruit Number and Seed Quality and Quantity in F_1 Cucumber (*Cucumis sativus* L.) Seed Production'.

Yaren is the hybrid cucumber cultivar and belongs to Bircan Seed Company. In this study we made crossings and we have used Yaren's parents' line. Greenhouse trials were designed in complete randomized blocks with four replications and five plants in each replication.

In this experiment the following plant characteristics were determined; fruit diameter (cm), fruit length (cm) fruit weight (g), seed yield of per plant (g/plant), 1000 seed weight (g). Furthermore we also observed germination rate and vigor and seedling growth rate and seedling vigor. The biggest fruit diameter (3.65 cm), the longest fruit length (31.33 cm) and the heaviest fruit weight (731.0 g) were obtained, a group of plant with 1 fruit. However the most seed yield (79.08 g) was obtained, a group of plant with 11 fruits.

In the result of this study, when the number of fruit on the plant was increase, fruit diameter (cm), fruit length (cm), fruit weight (g), germination rate and vigor and seedling growth rate values decreased. In yaren's F_1 seed production most suitable fruit numbers are 6 or 8 for high seed quantity and high seed quality

Key words: Cucumber, seed quantity, seed quality

ŞEKİLLER DİZİNİ

ÇİZELGELER DİZİNİ

TABLOLAR DİZİNİ

Sayfa No

1. GİRİŞ

Sebzelerin insan beslenmesindeki öneminin anlaşılmasından sonra bütün dünyada sebzeler üzerinde yapılan araştırmalar yoğunluk kazanmıştır. Özellikle bitki ıslahının sağladığı yararların tespit edilmesinden sonra sebzeler üzerinde yapılan çalışmaların daha da arttığı, buna bağlı olarak elde edilen başarıların da baş döndürücü boyutlara ulaştığı görülmektedir (Vural vd., 2000).

Günümüzde insan beslenmesi büyük ölçüde bitkilere bağlıdır. Besinlerimiz ya doğrudan doğruya bitkilerden yada bitkilerle beslenen hayvanlardan sağlanan ürünlerden oluşmaktadır. İnsan beslenmesine hayvansal proteinler, bitkisel proteinlerden daha uygundur. Ancak birçok baklagil, protein ve amino asit kapsamı bakımından hayvansal kaynaklarla boy ölçüşebilir (Şehirali, 1986).

Ülkemizde üretimi yapılan sebzeler içinde, açık tarlada domates, karpuz ve kavundan, serada domatesten sonra en çok yetiştirilen sebze hıyardır (Aybak ve Kaygısız, 2004). Hıyar yazlık sebzeler grubunda yer alır. Sofralık ve turşuluk olarak yaz aylarında açık tarla koşullarında, kış aylarında ise örtü altında olmak üzere bütün yıl boyunca üretilebilir (Vural vd., 2000).

Hıyarın anavatanı konusunda inceleme yapan bir çok araştırmacı bu kültür bitkisinin Hindistan'ın Himalaya dağları ile Bengal körfezinin kuzey kısmı arasındaki saha ile Çin, İran ile Anadolu'yu içine alan bir bölgeden dünyaya yayıldığı konusunda fikir birliği içindedir (Dillingen, 1956). Hıyarın anavatanından ne zaman ve ne şekilde diğer ülkelere yayıldığı tam olarak aydınlanamamıştır. Aşiret göçlerinin bu yayılmada etkili olduğu düşünülmektedir (Günay, 1993).

Vural vd. (2000)' de belirtildiğine göre hıyarın M.Ö. 3000 yıllarında Hindistan'da yetiştiriciliğinin yapıldığı, yine M.Ö. 2000 yıllarında Mısır'da yetiştirildiği yapılan kazılardan anlaşılmıştır. M.Ö. 600 yıllarında hıyar, Anadolu'dan Yunanistan'a geçmiştir. Romalılar hıyarın yayılmasında etken rol oynamıştır. Avrupa ülkelerine hıyar 9. yüzyılda girmiştir. Amerika'ya kıtanın keşfinden sonra Avrupalılar tarafından sokulmuştur (Shoemaker, 1949; Thompson ve Kelly, 1957).

Bütün sebzeler *Spermatophyta* grubu içinde yer almaktadır. Bu grup *Gymnospermea* ve *Angiospermea* olmak üzere iki alt gruba sahiptir. Sebzeler *Angiospermea* grubunda yer alır. Bu grupta *monocotyledoneae* ve *dicotyledoneaea* olmak üzere iki alt gruba sahiptir. Hıyar bitkisi *dicotyledoneaea* grubunun *Cucurbitaceae* familyasının Cucumis cinsine dahil olup 2n = 14 kromozoma sahiptir (Vural vd., 2000).

Hıyar derinliği 30-50 cm' ye kadar inen orta derinlikte bir kök yapısına sahiptir. Gövdesi kuvvetli, toprak üzerinde yayılıcı, aynı zamanda sülükleri sayesinde tutunucu özelliğe sahiptir. Gövde birçok boğum ve boğum aralarından oluşur (Sevgican, 1999). Yaprakları basit yaprak formunda 3-5 loplu yada köşelidir. Yaprak sapı uzun ve olukludur. Yapraklar gövde üzerinde spiral şeklinde sıralanır. Acılık gövde ve yapraklarda çok az görülür veya hiç görülmez. Çünkü bu kısımlar çoğunlukla cucurbitacin içermezler (Aybak ve Kaygısız, 2004).

Hıyar bitkisinin çiçekleri genelde tek evciklidir (*monocie)*. Ancak azda olsa erselik (*hermaphrodite*) çiçekli çeşitlere de rastlanır. Bunun yanı sıra *gynocie* (%100 dişi), ve *andromonocie* (aynı bitki üzerinde erkek ve erselik çiçeklerin bulunması) çiçek tiplerine de rastlanmaktadır. Tek evcikli çeşitlerde, erkek ve dişi çiçekler aynı bitki üzerinde fakat faklı yerlerde bulunur. Erselik çeşitlerde erkek ve dişi organlar aynı çiçekte beraber bulunur. Dişi çiçekli çeşitlerde, döllenme gereğini ortadan kaldırmak için son yıllarda bazı çeşitlere ıslah yöntemleri kullanılarak partenokarp özellik kazandırılmıştır. Partenokarp çeşitlerde, meyve gelişmesi için tozlanmaya gerek yoktur. Meyvelerde tohum teşekkül etmez, etse de içi boş olur (Aybak ve Kaygısız, 2004).

Dişi çiçekler *epygynous*'tur; yani çiçeklerin alt kısımlarında hıyar meyvesinin minyatürü şeklinde yumurtalıkları vardır. Erkek ve dişi çiçekler sarı renkli olup 5 çanak ve 5 taç yaprağa sahiptir. Dişi çiçeklerin erkek organları gelişmemiştir. Erselik çiçek yapısına sahip hıyar bitkilerinin çiçekleri ise, dişi çiçek görünümündedir. Ömrü erkek çiçeklerden daha uzun olan dişi çiçekler, 40-48 saat yaşar yani döllenme özelliğini korurlar. Hıyar meyvesi üzümsü bir meyvedir ve bu meyvelerde acılaşmaya neden olan madde cucurbitacin'dir. Bu madde enzim sistemi sayesinde bitkinin her tarafına yayılabilir ancak acılık, en kuvvetli olarak kendini kök ve meyvelerde hissettirir (Sevgican, 1999).

Hıyar tohumları sarımtırak beyaz renkte basık, uzun oval şekildedir. 1 gramda bulunan tohum sayısı 25 ile 50 arasında değişir. Bin tohum ağırlığı ortalama sera hıyarlarında 20-33, turşuluk hıyarlarda 21-29 gramdır. Tohumdan direk yetiştiricilikte dekara, sofralık açık tarla hıyarlarında 150-300 gram, turşuluk hıyarlarda 150-400 gram tohum kullanılır. Fide ile yetiştiricilikte ise dekara sofralık açık tarla çeşitlerinde 75 gram, turşuluk hıyarlarda 75-100 gram, serada ilkbahar ve sonbahar yetiştiriciliğinde 3100 adet, tek ekim yetiştiriciliğinde 2800 adet tohum yeterlidir. Tohumlar çimlenme sürelerini 2-8 yıl koruyabilir. Tohum elde etmede bir meyveden yaklaşık 150-200 adet bir dekardan 35-40 kg tohum elde edilebilir (Aybak ve Kaygısız, 2004).

Çizelge 1.1.' e göre ülkemizde 60 000 hektarlık alanda 1 725 bin ton civarında hıyar üretimi yapılırken Dünyada (116 ülkede) 2 483 200 hektarlık alanda toplam 42 milyon ton hıyar üretimi yapılmaktadır (Anonymous, 2005).

Çizelge 1.1. Ülkemizde ve Dünyada hıyar üretim miktarı ve alanları (Anonymous, 2005)

Üretim Miktarı (ton)	**2005**	***Üretim Alanı (Ha)***	**2005**
Türkiye	1 725 000	**Türkiye**	60 000
Dünya	41 807 840	**Dünya**	2 483 200

Çizelge 1.2. En çok hıyar üretimi yapan ülkeler ve üretim miktarları (Anonymous, 2005)

Ülkeler	**Miktar (ton)**
Çin	26 559 600
Rusya Federasyonu	3 189 456
Türkiye	1 725 000
İran	1 400 000
A.B.D	969 400

Çizelge 1.2.'de görüldüğü gibi hıyar üretimi bakımından ülkemiz dünya sıralamasında 3. sırada yer almaktadır. Dünya hıyar üretiminde ilk sırada 26 559 600 ton üretim miktarı ile Çin bulunmaktadır. Çin'in ardından 2. sırayı alan Rusya Federasyon' un 3 189 456 tonluk üretimi vardır. Ülkemizin ardından gelen ülkeler ise İran ve A. B. D' dir (Anonymous, 2005).

Üretiminin bu kadar yaygın olması hıyar bitkisi üzerinde yapılan ıslah çalışmalarını da arttırmıştır. Bitki ıslahı tarımın kendisi kadar eskidir ve tarımsal bitki üretiminin amaçlarına da sıkı sıkıya bağlıdır. Bitki ıslahının amacı, bitkilerin genetik yapılarını insanların gereksinimlerini karşılayacak şekilde değiştirmek ve iyileştirmektir (Demir ve Turgut, 1999).

Hıyar bitkisinde seralarda üretimi kolaylaştırmak amacıyla sadece dişi çiçek oluşturan partenokarp çeşitlerin geliştirilmesi için ıslah çalışmaları uzun yıllar önce başlamış ve hala devam etmektedir. Bunun yanı sıra verimi yüksek, erkenci, makineli hasada elverişli, değişik iklim koşullarına toleransı olan yada hıyarda etkili bazı önemli hastalıklara dayanıklılık kazandırılmış çeşitlerin geliştirilmesi için ülkemizde ve dünyada bir çok ıslahçı çalışmaktadır (Sevgican, 1999).

Kaliteli tohumluk kullanımı verimde %20-30 artış sağlarken; yabancı döllenen türlerde kullanılan melez tohumluklar ise bazı türlerde 3-4 kat verim artışı sağlayabilmektedir.

Günümüzde ekilebilir tarım alanlarının marjinal sınırlarına ulaşılmıştır. Artık mevcut üretim alanlarından en fazla verim elde etmeyi sağlayacak uygulamaların araştırılması gerekmektedir. Bu nedenle tohumluk üretimi için en uygun koşullara sahip olan ülkemizin, topraklarında, üreticilerimizin gereksinimlerini gerçek anlamda karşılayacak organizasyon ve teknolojilerin bir an önce uygulanmaya başlaması gerekmektedir (Şehirali, 1997).

Tohumluk, bitkisel üretimde ulaşılabilecek verim üst sınırını doğrudan, üretim sürecinde kullanılan diğer tüm girdilerin verimlilik seviyelerini ise dolaylı yoldan etkileyen son derece önemli bir tarımsal girdidir. Diğer yandan bir alt sektör olarak ele alındığı zaman, tohumculuk endüstrisinin başta üretim, istihdam, katma değer artışı, döviz tasarrufu ve ihracat yoluyla döviz geliri sağlama gibi ekonomi için son derece önemli katkılar yaptığı ve çok sayıda diğer iktisadi faaliyet alanı ve işkolunu da etkilediği bilinen bir gerçektir (Ayanoğlu ve Yalvaç, 2002).

Tarımsal üretimde önemli bir girdi olan tohumun son yıllarda teknolojik bir ürün niteliği kazandığı görülmektedir. Bu nitelikteki tohumun tarımdaki rolü ve önemi yanında önemli bir ticari değer oluşturması, hem bu konudaki araştırma ve geliştirme çalışmalarını teşvik etmekte hem de bu alandaki yatırımların artmasına neden olmaktadır. Ancak bu özellikteki bir ürünün geliştirilmesi, tarımsal bir ürün olarak çoğaltılıp işlenmesi ve ticari bir ürün olarak pazarlanması özel bilgi ve deneyim gerektiren bir uğraştır. Böyle nitelikli bir uğraş olan tohumculuk faaliyetleri dünya ölçeği yanında yurt ölçeğinde de ağırlıklı olarak özel sektör kuruluşları tarafından yürütülmektedir (Eser vd., 2005).

Islahı konusunda uzun yıllardır çalışılan hıyarda elde edilmiş birçok F_1 hibrit çeşit vardır. Islah çalışmaları zor, masraflı ve zaman alıcı olduğu için hibrit çeşitlere ait tohumların piyasa değeri de oldukça yüksektir. Ancak bazı durumlarda üreticiler satın aldıkları bu tohumlarla başladıkları üretim sürecinde umdukları sonucu alamamaktadırlar. Bu durumun sebeplerinden biri, tohumluk olarak kullanılan materyalin kalitesidir.

Tohum kalitesi, üretim sırasındaki bakım koşulları başta olmak üzere birçok faktöre bağlı olabilmektedir. Üretim sırasında bitkinin üzerinde bırakılması gereken meyve sayısı ile elde edilecek tohumun miktarı ve kalitesi arasındaki ilişkilerin bilinmesi sağlıklı tohum elde etmek açısından önemlidir. Tohum kalitesi, tohum üreten kuruma prestij sağlar ayrıca kazanç açısından da önemlidir.

Bunun yanı sıra hıyar bitkisi ile yapılan üretimde üreticiler ve fide şirketleri aynı tarihlerde ekimi yapılan tohumların homojen koşullar altında tutulmasına rağmen aynı hızda çimlenememesi, bundan dolayı sürgünlerin toprak üstüne çıkış dönemlerinin birbirini tutmaması ve sonuç olarak da bir viol içerisinde farklı gelişme aşamalarında olan fidelerin bulunmasıyla sonuçlanan durumlarla sıkça karşılaşabilmektedir. Bu önemli bir sorundur çünkü geç çimlenen tohumlar gelişme geriliği göstermekte olup bunlardan elde edilen fideler de zayıf gelişip cılız kalmaktadır. Sonuç olarak çıkışın yavaş olması nedeniyle meydana gelen bu zayıf fideler esas yetiştirme yerlerine alındıklarında geç gelişen, zayıf bitkilere sebep olurlar bu bitkilerde toprak kaynaklı patojenlere karşı hassasiyet gösterip daha fazla etkilenmektedir (Cantliffe, 2001).

İstenmeyen bu gibi durumlar doğrudan tohum kalitesi ile ilgili olabilmekte olup bitki üzerindeki aşırı meyve yükü bütün tohumların istenen kaliteye ulaşmasını engelleyebilmektedir. Çünkü bir bitkinin besleyebileceği meyve sayısının da bir sınırı olabilmektedir.

Yapmış olduğumuz bu çalışma ile tohumda kalitenin yüksek olması için üretim sırasında ana hatlarda tohum almak amacıyla tutturulacak en ideal meyve sayısının belirlenmesi amaçlanmıştır. Bunun yanı sıra elde edilecek kaliteli tohum miktarının artması dolayısı ile tohumluk meyve içerisindeki boş diye adlandırılan ve kullanılmayan tohum miktarının azalması ile bitki üzerindeki meyve sayısı arası ilişkilerde belirlenmeye çalışılmıştır.

Çalışmamız gerek firma düzeyinde gerekse çiftçi düzeyinde bitkisel üretimde yer alan birçok kişinin daha üretimin başında yani çimlenme ve çıkışta karşılaştıkları problemlere pratik bir çözüm geliştirmeyi amaçlamaktadır.

2. KAYNAK ÖZETLERİ

Eastwood ve Laidman (1971)' in yaptıkları çalışmalarda bir tohumun büyüklüğü ile olgunlaşması sırasındaki protein ve yağ miktarının doğru orantılı olduğu, tohum hacmi büyüdükçe yapısındaki protein ve yağ miktarının arttığı, büyük hacimli tohumların 4 saat suda bekletilerek enzimlerinin aktif hale geçmesi sağlandığında hızlı ATP oluşumuyla çimlenme hızı ve fide gelişiminin arttığı bildirilmiştir. Mc' Donald (1975) tohumun canlılığı için, tohum hacmi, şekli ve yoğunluluğunun önemli bir faktör olduğunu, bunun da tohumun olgunlaşması ile yakından ilgili olduğunu belirtmektedir.

Perry (1982) tohumların yavaş çimlenmesinin yada homojen çimlenmemesinin sebebinin sadece ekim zamanı ile ilgili değil, bunun yanı sıra gereğinden fazla olgunlaşmış yani hasadı gecikmiş yada olgunlaşması tamamlanmadan hasat edilmiş tohumlarında normal tohumlara göre çimlenme aşamasında düşük performans göstermekte olduğunu bildirmektedir. Araştırmacı tohum kalitesinin, başarılı bir çimlenme ve çıkışın en önemli şartının tohum olgunlaşması olduğunu belirtmektedir, bu yüzden tohumların bu açıdan maksimum kaliteye ulaşınca hasat edilmeleri gerekmektedir. Ancak, maksimum kaliteye ulaşma zamanı ve bunun tohum ve meyve özellikleri ile ilişkisi ürünler ve yetiştirme yerleri arasında büyük faklılıklar göstermektedir.

Tohum canlılığı fizyolojik olgunlukta en yüksek düzeye çıkmaktadır (Trammel, 1983). Tekrony vd. (1980) hasat tarihi ile çimlenme oranı arasında önemli bir ilişki bulunduğunu saptamışlardır. Gosparini vd. (1997) çiçeklenmeden 25, 30, 35 ve 40 gün sonra soya fasulyesi hasadı yaptıklarını ve hasadın gecikmesi sonucunda çimlenme oranında artma olduğunu bildirmişlerdir.

Cholakov vd. (1985) hıyar bitkisinde yaptıkları bir çalışma ile ekimden önce tohumlara uygulanan gama ve laser ışınlarının tohum verimi ve kalitesi üzerine olan etkilerini belirlemeye çalışmışlardır. Işınlanmanın sonucunda tohum veriminin %15.6 ile %28.0 arasında artış gösterdiği bunun yanı sıra çimlenmede %2.3 ile %3.4 arasında ve kuru ağırlıkta da %1.5 ile %5.8 arasında artışlar olduğunu saptamışlardır.

Osmotik tohum uygulamaları, *Umbelliferae* ve *Amaryllidaceae* familyası sebzeleri gibi tohum olgunluğu kademeli olan türlerde tohum çimlenme ve çıkış oranı ile hızını olumlu yönde etkilemektedir (Dearman vd., 1987; Duman vd., 1999). Ülkemizde 12 ay üretilebilen maydanozda en önemli problem çimlenme ve çıkışta yaşanmaktadır (Vural vd., 2000). Optimum koşullarda 15-20 günde çimlenen tohumlar stres koşulları altında bir ay gibi uzun bir sürede heterojen çimlenmekte, böylece, vejetasyon periyodu uzamakta, hasat zamanı gecikmekte ve heterojen ürün olgunluğu verimde önemli kayıplar oluşturmaktadır (Hill vd., 1989). Bu bulgulardan hareketle Duman ve İlbi (2000) yaptıkları çalışmada, stres altında tarla koşullarında maydanoz tohumlarının çıkış hızı ve oranı ile birim alandaki verimi üzerine osmotik koşullandırma (Sivritepe, 1999) yöntemlerinin etkilerini araştırmış ve PEG-BK yönteminin bütün testlerde çıkış gücü ve hızını arttırarak homojen çıkış sağladığını ve birim alandan elde edilen verimi arttırdığını saptamışlardır.

Bianco vd. (1994) kaliteli tohumluğu yüksek çimlenme kabiliyetinde, kısa sürede bir örnek çimlenen, çimlenme gücü yüksek, hastalık ve zararlılardan ari ve tohumluk safiyeti yüksek olarak tanımlamaktadır. Robani (1992) tüm bu tohumluk kalite kriterlerinin ekolojik ve genetik bir çok faktörden etkilendiğini bildirmektedir. Gutterman (1992) bu faktörlerin ana bitki ve ana bitkinin yetiştirilme koşullarıyla yakından ilgili olduğunu bildirmektedir. Bu faktörlerden biriside ana bitki üzerinde çiçeğin veya meyvenin yeridir. Ana bitki üzerindeki meyvenin yerinin, tohumların çimlenme kabiliyetine, iriliğine ve morfolojisine etki ettiğini bildirmektedir. Kerevizde (Thomas vd., 1979), havuçta (Nagarajan vd., 1998), bamyada (Verma vd., 1998), biberde (Osman ve George, 1984) ve kavunda (Incalcaterra ve Caruso, 1994) yapılan çalışmalarla meyve yerine bağlı olarak tohum kalitelerinin faklı olduğu saptanmıştır.
Tohum, olgunlaşmış bir yumurtadır. Ana bitkiden ayrılma anında, koruyucu bir örtü ile kaplı olan bir embriyo ve yedek besin maddesi içermektedir. Tohumdan yeni bir maddenin çıkışına önderlik eden metabolik mekanizmanın aktivasyonu çimlenme olarak bilinmektedir (Hartmann vd., 1997). Kaşka ve Yılmaz (1974) çimlenmeyi tohumda büyümenin başlaması ve yedek besin maddelerinin embriyo büyümesinde kullanılmak üzere hareketli hale geçmesi olaylarını içine alan birçok karışık biyokimyasal ve fizyolojik değişiklikler serisi olarak tanımlamışlardır.

Domates de tohum kalitesini etkileyen iki önemli faktörden birincisi; hasat zamanı diğeri ise; tohum çıkarma yöntemidir. Yapılan birçok çalışma ile domates de maksimum kalitenin meyveler kırmızı ve sert iken yapılan hasatlardan elde edildiği saptanmıştır (Demir ve Ellis 1992; Valdes ve Gray, 1998; Demir ve Samit, 2001). Tohum çıkarma yöntemleri ise genellikle doğal fermantasyon yöntemi, alkali uygulamalar, asit uygulamaları ve mekanik uygulamalardır (George, 1985). Her bir tekniğin avantajları ve dezavantajları vardır. Örneğin asit uygulamaları ile tohumların daha çabuk temizlendiği ayrıca bakteriyel bazı hastalıklara karşı korunduğu ve bu yöntem ile tütün mozaik virüsünün in aktif hale geçtiği saptanmıştır (Ritchi, 1971; Silva vd., 1982; George, 1985). Ancak konsantrasyon ve uygulama periyodunun uygun olmadığı zamanlarda tohum kalitesinde bozulmalara sebep olduğu belirtilmektedir.

Çimlenmenin başlaması için, üç ayrı şart yerine getirilmelidir. Bu üç şarttan birincisi; tohum mutlaka canlı olmalıdır, yani embriyo canlı ve çimlenme kabiliyetinde olmalıdır. İkincisi; tohum, alınabilir su, uygun sıcaklık ortamı, oksijen, bazen de ışık gibi uygun çevre şartlarına maruz kalmalıdır. Üçüncüsü; tohum içerisinde bulunan bütün primer dinlenme şartlarının kaldırılması gereklidir. Primer dinlenmenin kaldırılmasına yönelik işlemler 'tohumun çimlenme olgunluğuna gelmesi' olarak bildirilmiştir. Birçok tohum bitki üzerinde iken gelişiminin 'tam olgunluk (=maturation drying)' aşaması boyunca kurur. Bu tohumlar bitkiden alındıkları zaman dormant yada aktif durumda olurlar. Tohum gelişiminden tohum çimlenmesine geçme aşamasındaki tohumların 'viviparous', 'recalcitrant' ve 'orthodox' davranışları gösterebildiği, 'Viviparous' ve 'recalcitrant' tohumların, bitki üzerindeki gelişiminin 'tam olgunluk' aşamasını tamamlamadan önce çimlenebildikleri, 'Orthodox ' tohumların ise yaklaşık %10 neme kadar kurumaya devam edebildikleri veya aktif yada dormant durumda kalabildikleri saptanmıştır (Hartmann vd., 1997).

Demir ve Yanmaz (1998) hıyar bitkisinde tohum kalitesinin gelişmesi üzerine yaptıkları ve iki yıl süren çalışmalarında tohumun nemini, kuru ağırlığını, çimlenme yeteneğini ve vigorunu incelemişlerdir. Buna göre tohumun dolgunluk aşamasına 1. yılki denemede anthesisden 39 gün sonra 2. yılki denemede 35 gün sonra ulaştığı saptanmıştır. Tohumun nem içeriğinin ilk hasatta %75-85 arasında olduğu ölçülmüş sona doğru ise %40' a kadar düştüğü belirlenmiştir. Çalışmada tohumun ilk çimlenme yeteneğine anthesisden 21 gün sonra ulaştığı saptanmış olsa da arttırılmış kurutmaya anthesisden ancak 28 gün sonra dayanıklılık kazandığı belirtilmiştir. Maksimum çimlenme yüzdelerinin ilk yılda anthesisden 46, ikinci yılda 39 gün sonra elde edildiği saptanmıştır. Bu çalışmanın sonuçlarına göre hıyar bitkisinin en uygun hasat döneminin anthesisden 39 - 43 gün sonra olduğu bu dönemde yapılan hasatlarda tohumların en yüksek çimlenme yeteneğine sahip olduğu saptanmıştır.

Bilgisayar çağı olması beklenen, içinde bulunduğumuz yüzyıl; bilim adamlarınca biyoloji çağı olarak nitelendirilmektedir. Biyo-teknolojik buluşların %90'dan fazlası insan sağlığına yönelik olmasına karşın, bu konudaki tartışmaların tamamına yakını tarımsal uygulamalara yöneliktir (Kershen, 1999).

Eraslan vd., (1999) yaptıkları bir çalışmada kışlık kabakta (*Cucurbita maxima* L.) hasattan sonra yüksek nem içeriğine sahip meyve içinde bırakılan tohumların kalitesi araştırmışlardır. Tohumlar 1999 yılında hasattan 12, 35, 63, 92 ve 150 gün sonra 2000'de ise 30, 60, 90, 120 ve yine 150 gün sonra meyveden çıkarılmıştır. Kurutmadan sonra toplam çimlenme 1999 yılındakilerde %87-97 arasında 2000 yılındakilerde, %98-100 arasında değişmiştir. Ancak soğuk testi, hızlandırılmış yaşlanma testi ve çıkış testleri ile değerlendirilen normal çimlenme yüzdeleri ve tohum vigorunun 60 güne kadar olan sürelerde artma gösterirken bundan daha uzun süren günlerde önemli değerde azalma gösterdiğini belirlemişlerdir. Sonuç olarak kışlık kabakta maksimum tohum kalitesinin hasattan sonraki 60. günde çıkarılan tohumlarda bulunduğu saptanmıştır.

Toplam sebze üretiminin yaklaşık 20×10^6 ton olduğu Türkiye'de, seralarda domatesten sonra en çok üretilen tür olarak hıyar oldukça önemli bir sebzedir (Sevgican, 1999). Tropik orijinli bir bitki olan hıyar, düşük sıcaklığa, tuzluluğa ve su eksikliğine duyarlıdır (Cantliffe vd., 1978; Yamaguchi, 1983; Alscher vd., 1988; Kretschemer, 1995). Oysa, yer yüzünde sulanan alanların 1/3' den fazlasında tuzluluk problemi olduğu, ülke topraklarımızın ½' den fazlasının kurak ve yarı kurak nitelik göstermesi nedeniyle topraklarda çoraklaşma meydana geldiği, seralarda ise üretimin yapısı nedeniyle en büyük sorunlardan birinin tuzluluk olduğu bilinmektedir (Everardo vd., 1975; Bozcuk 1990; Sevgican, 1999). Bunun yanı sıra ekim sonrasında tohumlar topraktaki bir çok biyotik ve abiyotik faktörlerin etkisi altında kalmakta ve bu faktörlere bağlı olarak çimlenme ve çıkışta düzensizlikler, gecikmeler yada azalmalar görülmektedir. Keza, fideden yetiştiricilikte de fide kalitesinin, tarla tutumu, kültürel işlemler ve ürünün hem kalitesini hem de verimini etkileyen önemli bir unsur olduğu belirtilmektedir.

Vural vd. (2000) hıyar tohumlarının elips şeklinde ve kökçüğün çıktığı ucun sivri yapılı olduğunu bildirmişlerdir. Bunun yanı sıra tohumların büyüklüklerinin çeşit ve yetiştirme koşullarına bağlı olarak değişiklik gösterdiğini belirtmişlerdir.

Karaltın vd. (2000) farklı buğdaygil ve baklagil bitkisi tohumlarında tohum iriliğinin çimlenme oranı ve fide büyümesi üzerine etkilerini araştırmışlardır. Kahramanmaraş Sütçü İmam Üniversitesi, Ziraat Fakültesi, Tarla Bitkileri Bölüm' ünden temin edilen ve yine bölüm laboratuarlarında 2000 yılında, tesadüf parselleri deneme desenine göre, 4 tekerrürlü olarak, çimlendirme dolabında yapılan bu çalışmada, kışlık tohumlar için 18 °C, yazlık tohumlar için 20 °C sıcaklık kullanılmıştır. Çalışmada tohum irilikleri farklı 4 buğdaygil (buğday, arpa, çeltik ve mısır) bitkileri ile farklı 5 baklagil (mercimek, nohut, soya, bakla ve yem bezelyesi) bitkileri tohumlarının çimlenme oranı ve fide gelişimi üzerine etkileri belirlenmeye çalışılmıştır. Elde edilen sonuçlara göre; buğdaygil ve baklagil bitkileri tohumları arasında farklar olduğu tespit edilmiştir, her ikisinde de iri tohumların çimlenme oranı, kökçük uzunluğu, fide uzunluğu, kökçük kuru ağırlığı ve vigor indeks ölçümlerinin küçük tohumlara göre daha yüksek sonuçlar verdiğini saptamışlardır.

Jing vd. (2000) hıyarda (*C. sativus* L.) ovaryum ve ovül pozisyonunun tohum performansına olan etkilerini araştırmışlardır. Araştırmacılar hıyar tohum performansının ovaryum ve ovulun pozisyonuyla ilişkilerini tohum üretim periyodu süresince izlemişlerdir. Meyveler 1., 7., ve 10. nodlar olmak üzere 3 faklı pozisyondan ve yine stylar, intermediate ve peduncular ovul pozisyonlarından, gelişme periyodu boyunca seri bir şekilde hasat edilmiş, fizyolojik ve moleküler markerlarla tanımlanmışlardır. Tohum nem içerikleri tozlanmadan 35 gün sonra

%30'a kadar düşmüş ve burada sabitlenmiştir. Tozlanmadan 42 gün sonra maksimum kuru ağırlık değerleri (peduncular kısımdakiler hariç, çünkü bunların kuru ağırlık birikimleri gecikmiştir) elde edilmiştir. Çimlenebilme ve kurutmaya toleransın başlangıcı maksimum kuru ağırlık değerine ulaşmadan önceki dönemlerde başlamışken, laboratuar çimlendirme ve sera çıkış testleri göstermişti ki tohum performansı çoğunlukla tohum gelişiminin tamamlanmasının ardından gelişme göstermiştir. Hücre döngüsü aktiviteleri (her bir çekirdekteki DNA ve tubulin içeriği) tozlanmadan 28 gün sonra durmuş iken tohum klorofilinin bozunması bütün olgunlaşma periyodu boyunca devam etmiştir. En üstten ve peduncular meyve kısımdakilerden alınan tohumlar, diğer pozisyonlardaki meyvelerle karşılaştırılınca maksimum kaliteye ulaşmada gecikmeler göstermişlerdir bunun da bu meyvelerde klorofil fluoressensinin daha yavaş azalmasıyla ilişkili olduğu saptanmıştır.

Cantliffe (2001) tohumda kalite artışını etkileyen faktörler konusunda yaptığı bir çalışmada, tohum üreten firmaların, tohum kalitesini arttırmak, tohumun ömrünü uzatmak ve bu tohumlarla yapılacak üretimde yüksek kaliteli ürün elde edilmesini sağlamak amacıyla tohumların paketlenip satışa sunulmadan önce birtakım priming uygulamalarından geçirmesi gerektiğini belirtmiştir. Araştırmacıya göre, direk tohum ekimi yöntemi ile yetiştirilen ürünlerde homojenliğin sağlanması ve aynı anda toprak üstüne çıkış, verimli ve kaliteli bir hasat için şarttır. Araştırmacı çıkış hızı ve homojenliğin en çok tohum kalitesine bağlı olduğunu, bununla beraber çevre koşullarının da bu konuda az da olsa bir etkisinin olduğunu belirtmiştir.

Demir (2001) bazı domates ve biber bitkilerinin tohumlarındaki gelişme evrelerini incelediği ve bu evreler boyunca tohum kalitesinde meydana gelen değişmeleri araştırdığı çalışmasının sonucunda en yüksek tohum kalitesine fizyolojik olgunluktan birkaç gün sonra ulaşıldığını saptamıştır. Araştırmacıya göre tohum kalitesinin fizyolojik olgunluktan sonraki hasat süresi uzadıkça azalacağını belirten Harrington'un hipotezinin karşıtı olarak olgunluğun maksimum düzeye ulaştıktan sonraki birkaç gün içerisinde yapılan hasatlarda iki bitkinin tohumlarında da kalite kaybı gözlenmediği tespit edilmiştir.

Domates tohumlarında kalitenin hasat sırasındaki meyve olgunluğu ve tohum çıkarmada kullanılan metottan etkilenip etkilenmediği ve etkilerin ne şekilde olduğu araştırılmıştır. Buna göre, iki ayrı çalışmada, domates meyveleri anthesisden 60-70-80 ve 90 gün sonra hasat edilmiş ekstrakt oda sıcaklığında ve doğal yollarla 24 saat süren bir fermantasyona maruz bırakılmıştır. Toplam ve normal çimlenme ile fide çıkışı ve hızlandırılmış yaşlanma testleri tohumun kalite değerini belirlemede kullanılmıştır. Araştırmanın sonucunda iki ayrı çalışmada da tohum çıkarma yöntemi ne olursa olsun en uygun hasat döneminin 70 gün sonra yapılan hasat olduğu saptanmıştır. Erken ve geç dönemlerde yapılan hasatlarda tohum kalitesinin düşmüş olduğu saptanmıştır. (Demir ve Samit, 2001).

Ekim dönemleri ve bitki başına farklı sayıdaki meyvelerin biberin (*Capsicum annuum*) tohum verimi ve kalitesi üzerine etkileri açık tarla koşullarında araştırılmıştır. Bitkisel materyal olarak Urfa yerli biber populasyonu ve 4 ekim dönemi (15 şubat, 1 mart, 15 mart, 1 nisan) ile bitki başına farklı sayıda meyve uygulamaları (kontrol, 6, 8, 10 ve 12 meyve/bitki) denenmiştir. En fazla tohum verimi araştırmanın ilk yılında 15 Mart ekiminden (20,34 kg/da) ve her iki yılında meyve sayısına müdahale edilmeyen kontrol uygulamasından (19,40-60,74 kg/da) alınmıştır. Ayrıca farklı ekim tarihleri ve meyve uygulamalarının, çimlenme oranı ve süresi ile çıkış oranı ve süresi üzerine önemli etkisinin olmadığı belirlenmiştir (Çömlekçioğlu vd., 2001).

Geren vd. (2002) 2000-2002 yılları arasında yaptıkları çalışma ile bazı yeni fiğ *(Vicia sativa)* çeşitlerinin Bornova koşullarında tohum verimleri ve buna ilişkin bazı özellikleri üzerinde çalışmalar yapmışlardır. Fiğ bitkisi otundan, tanesinden yararlanılması yanında yeşil gübre bitkisi olarak da kullanılır. Ayrıca yüksek oranda ham protein içermesi de önemlidir. Geniş kullanım alanlarına sahip olduğu için tohumluk gereksinimi de yüksektir. Ege Üniversitesi Ziraat Fakültesi, Tarla Bitkileri Bölümü, Bornova deneme tarlalarında 2 yıl süreyle yapılan çalışmada, materyal olarak Ege Tarımsal Araştırma Enstitüsü tarafından geliştirilen yeni fiğ (Cumhuriyet-99, Selçuk-99, Meta-3, Kubilay-82) çeşitleri kullanılmış ve Ege Bölgesi iklim kuşağındaki performansları saptanmak istenmiştir. Elde edilen sonuçlara göre tohum verimi bakımından Cumhuriyet-99 çeşidinin diğerlerinden daha üstün olduğu belirlenmiştir.

Yapılan bir çalışmada farklı dönemlerde hasat edilen soya fasulyesi tohumlarının fiziksel ve biyolojik özellikleri ile kalite özelliklerini belirlenmeye çalışılmıştır. Denemede A-3935 soya fasulyesi çeşidinin 9 farklı (27 Ağustos, 01, 06, 11, 16, 21, 26 Eylül ile 01, 06 Ekim) dönemde yapılan hasatlarından elde edilen tohumlar kullanılmıştır. Hasadın gecikmesiyle birlikte yeşil tane oranları azalırken, 100 tane ağırlığı, çıkış oranı ve yağ oranında artışlar gözlendiği tespit edilmiştir. En uygun hasat zamanı olarak da 6 Ekim tarihinin saptandığı belirtilmiştir (Öz ve Karasu, 2002).

Demir vd. (2002) patlıcanda (*Solanum melongena* L. cv. Pala) tohum gelişimi ve olgunlaşması sırasında tohum kalitesinin değişimini açık tarla koşullarında araştırmışlardır. Tohum kalitesi, hasadı ardı sıra yapılan meyvelerden çıkarılan tohumlara uygulanan birçok testle (çimlenme, çıkış, fide kuru ağırlığının ölçülmesi, elektriksel geçirgenlik, soğuk testi vd.) değerlendirilmiştir. Tohumun dolum aşamasının sonunda tohum olgunluğu ilk yılki denemede anthesisden 40 ikinci yılki denemede anthesisden 42 gün sonra gerçekleşmiştir. Buna karşılık maksimum tohum kalitesine 50. ve 60. günlerde yani olgunluktan sonra ulaşılmıştır.

Bu sonuca göre tohum kalitesinin maksimum değerinin dolum aşamasının sonunda gerçekleştiğini ve bugünden sonra kalitenin azalacağını savunan hipotezin patlıcanlar için uygun olmadığını saptamışlardır.

Patlıcanda ana bitki üzerindeki tohumluk meyvenin yerinin tohum kalitesi üzerine etkisinin araştırıldığı bir çalışmada 1. ve 2. boğumdan alınan tohumların kuru madde miktarı, 1000 tane ağırlığı, çimlenme oranı, çimlenme hızı, düşük ve yüksek sıcaklıklardaki çimlenme oranları yönünden 3. 4. ve 5. boğumlardaki meyvelerden alınan tohumlardan daha iyi sonuçlar verdiği tespit edilmiştir (Mavi ve Sermenli 2002).

Hıyar tohumlarına ekim öncesi yapılan farklı uygulamaların bazı fiziksel stres şartlarında çıkış ve fide gelişimi üzerine etkilerinin araştırıldığı bir çalışmada Cleopatra ve Sahra hıyar çeşitlerinin tohumlarına ekim öncesi ıslatma (çıtlatma), ıslatma-kurutma ve priming (%2 KNO_3) uygulanmıştır. Ön işlemden geçirilen tohumların çıkışı ve fidelerin gelişimi tuzlu, kurak ve düşük sıcaklık koşullarında test edilmiştir. Ön uygulamayla çıkış oranı değişmezken, ıslatma ve ıslatma-kurutma uygulaması kontrolden daha kısa çıkış süresi vermiştir. Fide boyu, fide yaş ve kuru ağırlığı ıslatma-kurutma uygulamasında en yüksek değeri vermiştir. Kurak koşullarda fide boyu ve yaş ağırlığı kontrol grubuyla aynı iken, tuzlu ve düşük sıcaklık koşularında önemli derecede azalmış olduğunu ve fide çapının da ön uygulamadan ve stres koşullarından etkilenmemiş olduğunu saptamışlardır (Arın ve Kıyak, 2002).

Mc'Donald vd. (2002) tohum kalitesinin saptanmasında kullanılan yöntemlerin geliştirilmesi için bilgisayar teknolojilerinden faydalandıkları çalışmalarında hıyar ve marul tohumlarını kullanmışlardır. Bir insanın tohum değerlendirmeleri yapabilmesi için bilgi birikimine ve bazı yeteneklere sahip olması gerektirmektedir, örneğin faklı bitkiler hakkında çok bilgi sahibi olması ve safiyet testlerinde yararlanmak için yabani ot tohumlarının morfolojilerini iyi bilmesi ayrıca çimlendirme testinde normal olanlar ile normal olmayan fideleri belirleyebilecek yeteneklere sahip olması gerekmektedir. Çok pahalı olmayan tarayıcılarla tohum yatağında bulunan kalitesi yüksek tohum ve fidelerin resimleri yakalanabilmektedir. Bu resimler ise internette çok yönlü resim depolarında saklanabilir yada yine internet yoluyla ihtiyaç duyanlarla paylaşılabilir. Tohum vigor testleri, tohum lotunun kalitesini belirlemede değerli bilgiler elde etmemizi sağlar. Ancak bu testler çok yaygın olarak kullanılmazlar çünkü test sonuçları laboratuardan, laboratuara değişiklik gösterebilir ve testlerin fiyatı da oldukça yüksektir. Otomatik bir tohum vigorunu belirleme sistemi objektif, ekonomik ve kolay çözümler getirebilir. Burada tarayıcı tarafından alınan resimler bilgisayara aktarılır ve burada önceden var olan istatistik değerlerle karşılaştırmalar yapılarak değerlendirmelerle tohum ve fidenin kalitesi belirlenebilmektedir.

Bezelyede *(Pisum sativum* L.*)* tohum yaş ağırlığı, kuru ağırlığı, kalitesi (canlılık, vigor) ve besin olarak depolanmasında farklı nem içeriklerinde yapılan hasatların zamanlarının etkilerinin belirlenmeye çalışıldığı bir araştırmada farklı nem içeriklerindeyken hasadı yapılan bezelyelerde tohum vigorunun fizyolojik olgunlaşmadan sonra ortaya çıkmaya başladığı ve fizyolojik olgunlaşmadan sonra da belli bir süre kalitenin devam ettiği ancak sonraki günlerde hasat zamanı geciktikçe vigorun azaldığı belirlenmiştir. Tohum nem içeriğinin en düşük olduğu seviyede vigorun en yüksek seviyede olduğu gözlenmiştir. Bu çalışmanın sonuçları Harrington'un tohum ömrü ve bozulması ile ilgili hipotezinin aksine kanıtlar içermektedir. Çünkü Harrington'un hipotezinin tersine tohumların maksimum kaliteye fizyolojik olgunluk aşamasında ulaşmadığı ayrıca fizyolojik olgunluk aşamasının hemen sonrasında bozulmaya da başlamadığı bu denemede saptanmıştır (Siddique ve Wright, 2003).

Hıyarın dişi çiçekleri epygynous'tur yani çiçeklerin alt kısımlarında hıyar meyvesinin minyatürü şeklinde yumurtalıkları vardır. Dişi çiçekler çeşitlerin çoğunda kalın dallar üzerinde ve tek olarak yaprak koltuklarında gelişmektedir. Multi çeşitlerde ise yaprak koltuklarında birden fazla dişi çiçek oluşmaktadır. Hıyar bitkisinde verim dişi çiçek sayısıyla doğru orantılıdır. Ancak ışık intensitesi, ışıklanma süresi ve sıcaklık gibi ekolojik faktörler generatif yapı üzerinde etkili olmaktadır. Örneğin yüksek sıcaklıklarda ilk yaprak koltuklarında çiçekler oluşmayabilmektedir (Aybak ve Kaygısız, 2004).

Bezelyede *(P. sativum* L.*)* bazı tohum özelliklerinin tohumun çimlenmesi ve tarla çıkışları ile olan ilişkilerinin belirlenebilmesi için laboratuarda çimlenme yüzdesi ve tarla koşullarında fide çıkış durumları araştırılmıştır. Çalışmanın bitkisel materyalini Jumbo, Jof, Green Pearly, Agromar AG-7306, Bolero ve Karina bezelye çeşitleri oluşturmaktadır. Çalışmada 100 tohum ağırlığının yüksek oranda ve negatif yönde laboratuar çimlenme ve tarla çıkış oranları ile ilişkili olduğu saptanmıştır. Tohum örtü tabakasının kalın olmasından ötürü elektriksel geçirgenliği düşük değerde olan bezelye çeşitlerinin laboratuar çimlenme yüzdelerinin oldukça yüksek değerlerde olduğu belirlenmiştir. Elektriksel geçirgenlik değeri ile 100 tohum ağırlığı pozitif bir korelasyona sahipken bu ikisinin laboratuar çimlenme yüzdeleri ve tarla çıkışları ile olan ilişkisinin ise negatif olduğu belirlenmiştir. Ayrıca bunların yanı sıra tarladaki çıkış periyodunun uzamasının da elektriksel geçirgenlik ve 100 tohum ağırlığı değerlerindeki artışlar sonucu meydana geldiği belirtilmiştir (Pekşen vd., 2004).

Karagül vd. (2004) Akdeniz Bölgesi koşullarında Denizli ve Kabaklı bamya (*Abelmoschus esculantus* L. Moench) çeşitlerinde farklı yetiştirme tekniklerinin çiçek tozu miktarı, tohum verimi ve 1000 dane ağırlığına olan etkilerini araştırdıkları çalışmalarında Denizli ve Kabaklı bamya çeşitlerinin farklı yetiştirme koşulları altında meyve başına tohum miktarı ile 1000 dane ağırlığını saptamaya çalışmışlardır. 1000 dane ağırlığının çeşitlere bağlı olarak değişim gösterdiği, meyve başına tohum verimi bakımından ise Kabaklı bamya çeşidinin yetiştirilme şekline göre farklılık gösterdiği saptanmıştır. Çiçek tozu verimi bakımından Denizli bamya çeşidinde 26191.68 adet/çiçek, çiçek tozu saptanırken Kabaklı çeşidinde 21977.43 adet/çiçek, çiçek tozu saptanmıştır. Beyaz tül ile gölgelendirilmiş ve açıkta yetiştirme şeklinin tohum verimi üzerine etkili olduğu belirtilmiştir (Denizli bamya çeşidinde açıkta yetiştiricilikte 93.84 gölgelendirilmede ise 90.03 adet/meyve ve Kabaklı bamya çeşidinde açıkta 73.59 gölge altında ise 90.21 adet/ meyve tohum verimi elde edilmiştir). Denizli bamya çeşidinde gölgelendirmede ve açıkta yetiştiricilikte 73.29 ve 67.16 g/1000 dane ağırlığı elde edilirken, Kabaklı bamya çeşidinde bu değerler sırasıyla 58.39 ve 56.36 g/1000 dane ağırlığı olarak gerçekleşmiştir. Ayrıca Kabaklı çeşidinde gölgelendirmenin daha fazla tohum elde edilmesine etki ettiği için tohum elde edilmesi amacıyla yetiştiricilik yapıldığında Akdeniz Bölgesinde gölgelendirme yapılmasının faydalı olacağı saptanmıştır.

Bitkilerin üreme sistemi üzerine ilk çalışmalar, R.J., Camerarius (1694) tarafından yapılmıştır. İsveç' li botanikçi K. Linneaus' un faklı çeşitlerde yaptığı melezlemeler ve bitkilerin üreme sistemleri ile ilgili yaptığı çalışmalar büyük kabul görmüştür. Ardından Charles Darwin (1859) çalışmalarını 'Türlerin Kökeni ' adını verdiği bir kitapta toplamış ve bitki ıslahına önemli katkıları olmuştur. 1865 yılında Gregor Mendel' in bezelyeler üzerinde yaptığı melezlemeler önemli keşifler yapmasına olanak sağlamıştır (Açıkgöz ve Tosun, 2005).

3. ARAŞTIRMA YERİNİN İKLİM ve TOPRAK ÖZELLİKLERİ

3.1. Araştırma Yerinin İklim Özellikleri

Çalışma; Antalya koşullarında 32° 52' kuzey enleminde yer alan ve deniz seviyesinden yaklaşık 15 m yükseklikte olan arazide yürütülmüştür. Araştırmanın yürütüldüğü yıla ve aylara ait iklim verileri uzun yıllar ortalaması ile birlikte Çizelge 3.1' de verilmiştir.

Çizelge 3.1. Uzun yıllar (1946-2006) ortalamaları ve 2006 Mart-Temmuz aylarına ait Antalya iklim değerleri (Anonim, 2006a)

	Mart	Nisan	Mayıs	Haziran	Temmuz	Ortalama
	Ortalama Sıcaklık (°C)					
2006	13.4	16.7	21.1	25.4	28.4	21,0
60 yıllık	11.7	15.6	20.1	25.1	28.2	23,88
	Ortalama Nisbi Nem (%)					
2006	66.0	67.0	68.0	61.0	58.0	64.0
60 yıllık	62.0	59.5	58.8	58.7	63.6	59.3
	Ekstrem En Yüksek Sıcaklık(°C)					
2006	28.2	31.8	37.6	41.5	45.0	36.82
60 yıllık	23.0	30.0	35.0	37.4	41.0	33.28
	Ekstrem En Düşük Sıcaklık(°C)					
2006	-1.6	1.4	6.7	11.3	14.8	6.6
60 yıllık	3.8	5.0	11.8	13.6	19.0	10.64
	Yağış Miktarı (kg/m^2)					
2006	117.1	52.8	29.9	9.7	2.9	42,48
60 yıllık	29.9	7.4	74.7	5.5	34.1	30,32
	Aylara Göre Yağışlı Gün Sayısı					
2006	9.5	6.4	5.0	2.5	1.1	4,9
60 yıllık	6.0	5.0	3.0	2.0	2.0	3,6

Çizelge 3.1'de görüldüğü gibi 2006 yılı vejetasyon periyodu (Mart-Temmuz) boyunca ortalama en düşük sıcaklık Mart ayında (13.4 °C), en yüksek sıcaklık Temmuz ayında 28.4 °C olarak gerçekleşmiştir.

Denemenin yürütüldüğü dönem içerisinde ortalama nispi nem değerlerinden %58.0 olarak en düşük ortalama nispi nem değeri olarak Temmuz ayında, en yüksek %68.0 değeri de Mayıs ayında tespit edilmiştir (Çizelge 3.1).

Denemenin yürütüldüğü 2006 yılı bahar dönemi üretim sezonu boyunca yağış miktarının 2.9 ile 117.1 kg/m^2 arası değişim gösterdiği Çizelge 3.1' de görülmektedir. Buna göre en yüksek yağış miktarı Mart ayında en düşük yağış miktarı da Temmuz ayında gerçekleşmiştir.

Denemenin yürütüldüğü 2006 yılı vejetasyon periyodu boyunca ortalama sıcaklık (21°C) uzun yıllar ortalamasından (23,88°C) daha düşük, ortalama nispi nem 2006 yılı vejetasyon periyodu ortalaması (% 64.0) uzun yıllar ortalamasından (% 59.3) daha düşük, ortalama yağış miktarı 2006 yılı vejetasyon periyodu ortalaması (42,48 kg/m^2) uzun yıllar ortalamasından (30,32 kg/m^2) daha yüksek düzeyde gerçekleşmiştir (Çizelge 3.1).

3.2. Araştırma Yerinin Toprak Özellikleri

Deneme yeri toprağının 0-30 cm derinliğinden alınan toprak örneklerine Laben Toprak, Yaprak ve Kimyasal Analiz Laboratuar'ında analiz yaptırılmıştır. Analiz sonuçları Çizelge 3.2' de yer verilmiştir. Çizelgenin incelenmesinden anlaşılacağı gibi toprağın bünyesi killi-tınlı, tuzsuz ve hafif alkali özelliktedir. Kireç, potasyum ve fosfor miktarı çok yüksek, organik madde miktarı da orta humuslu olarak belirtilmiştir (Çizelge 3.2).

Çizelge 3.2. Deneme alanına ait toprağın bazı fiziksel ve kimyasal özellikleri (Anonim, 2006b).

Tekstür Sınıfı	PH	Katyon Değişim Kapasitesi(%)	Kireç (%) ($CaCO_3$)	Elverişli		Organik Madde
				Fosfor (P_2O_5kg/da)	Potasyum (K_2Okg/da)	
Killi tınlı	7.6	56	18.9	887.5	816.9	6.9

4. MATERYAL ve YÖNTEM

4.1. Materyal

Bu araştırmanın yetiştiricilik kısmı 2006 yılı bahar sezonunda, Antalya da bulunan Bircan Fide Tohum A.Ş.'ye ait seralarda (Şekil 4.1.) yürütülmüştür. Denemenin laboratuar koşullarında gerçekleşmesi gereken testleri içeren kısmı ise Süleyman Demirel Üniversitesi, Ziraat Fakültesi, Bahçe Bitkileri Bölümü'ne ait olan laboratuarlarda gerçekleştirilmiştir.

Şekil 4.1. Denemenin yürütüldüğü sera (Orijinaldir)

Çalışmanın bitkisel materyalini Bircan Fide Tohum A.Ş.'ye ait Yaren adlı ticari F_1 hıyar çeşidinin üretilmesinde erkek ve dişi hat olarak kullanılan bitkiler ve bunların melezlenmesi sonucu elde edilen tohumlar oluşturmaktadır.

Yaren hibrit hıyar çeşidi, yaprak koltuklarında çoğunlukla bir tane meyve meydana getirdiği için tekli (=single) meyve veren bitki özelliği göstermektedir (Şekil 4.2). Bu çeşide ait bitkiler koltuk sürgünü vermemekle beraber bazı koşullarda oluşan koltuk sürgünleri de tepe kesmektedir.

Çeşidin meyveleri koyu yeşil renkte, boyunlu, hasat zamanında 15-17 cm uzunluğunda, hafif oluklu ve uzun bir sapa sahiptir (Şekil 4.2). Çeşidin yaprakları orta büyüklükte ve koyu yeşil renktedir.

Şekil 4.2. Tekli meyve verme özelliği (Orijinaldir)

4.2. Yöntem

Denemede ana ve baba hatların melezlenmesi sonucu dişi bitkilerde tutturulmuş 1 ile 13 arası tohumluk meyvelerden elde edilmiş tohumların kalite ve miktarlarının belirlenmesi üzerinde durulmuştur. Denemenin arazi çalışması kısmı Antalya koşullarında 2006 ilkbahar üretim sezonu boyunca ve laboratuar çalışması kısmı Isparta'da Süleyman Demirel Üniversitesi, Ziraat Fakültesi, Bahçe Bitkileri Bölümü, laboratuarlarında yapılmış çimlendirme denemelerini kapsar şekilde planlanmıştır.

Araştırma, Tesadüf Blokları, deneme desenine göre 4 tekerrürlü olarak ve her tekerrürde 5 bitki bulunacak şekilde planlanmıştır. Buna göre denemede kullanılacak erkek bitki sayısı 65, dişi bitki sayısı da bunun 4 katı yani 260 adet olarak belirlenmiştir.

Ekim yapılmadan önce fide yetiştirmede kullanılacak violler HCl ilave edilmiş su kullanılarak yıkanarak dezenfekte edilmiştir. Daha sonra, etkili maddesi 'captan' olan toz halindeki ilaçla muamele edilmiş torf karışımı ile doldurularak üzerine kapak olarak vermikulit serpilmiştir.

Fidelikte ve dikim anında karışmaların engellenmesi için viol bölmeleri özel kodların yazılı olduğu küçük etiketlerle işaretlenmiştir. Bizim kullandığımız Yaren adlı çeşidin kodları Y_3 ve Y_4 olarak belirlenmiştir. Y_3 erkek hatları, Y_4 ise dişi hatları temsil için kullanılmıştır.

Baba hatlara ait tohumların ekimi ana hatlara ait tohumlardan iki hafta önce 11 Şubat 2006 tarihinde, ana hatlara ait tohumların ekimi de 25 Şubat 2006 tarihinde yapılmıştır. Ekim işlemi elle ve her kutucuğa bir tohum gelecek şekilde yapılmıştır. Ekim işlemlerinin tamamlanmasından sonra violler fide yetiştirme serasına alınmış dikim için uygun büyüklüğe gelinceye kadar burada tutulmuşlardır (Şekil 4.3.).

Şekil 4.3. Ekimi yapılıp fideliğe alınan violler (Orijinaldir)

Ekim tarihinden yaklaşık bir hafta sonra hıyar fidelerinin kotiledon yaprakları toprak üstünde homojen şekilde görülmeye başlamıştır. Bu esnada dikim yapılacak olan serada hazırlıklar devam etmiştir. Dikim yapılmadan önce sera havalandırmaları anti-virüs net adı verilen materyalle kapatılmış böylece sera içerisine dışardan zararlı girişi önlenmeye çalışılmıştır.

Dikim planı yapılırken baba hatta ait bitkilerin sayısı, ana hatta ait bitkilerin sayısının ¼' ü kadar olacak şekilde serada yer ayrılmış, meydana gelebilecek kayıplarda hesaba katılarak bu sayıdan 100 adet daha fazla tohumun viollere ekimi yapılmıştır. Oranın bu şekilde belirlenmesinin sebebi bu sayıdaki erkek hatlardan elde edilecek çiçek miktarının dişi hatlardaki çiçeklerin döllenmesine yeterli olacağının bilinmesidir (Bassett, 1986).

Fidelikte bulundukları sürece fidelere gereken zamanlarda sisleme yöntemi ile sulama ve zararlılara karşı mücadele işlemleri gerçekleştirilmiştir. Bu zararlılardan en önemlileri olan virüs taşıyıcısı beyaz sinek, yaprak galeri sineği ve thripsler ile çökerten hastalığına karşı koruyucu amaçlı ilaçlamalar düzenli bir şekilde yapılmış ilacın etki süresi geçmeden tekrarlanması sağlanmıştır. Yaklaşık bir ay sonra dikim için uygun büyüklüğe ulaşan fideler fidelikten alınmıştır (Şekil 4.4).

Şekil 4.4. Dikime hazır haldeki fideler (Orijinaldir)

Fidelikten alındıktan sonra, esas dikim yerleri olarak belirlenen seranın olduğu yere getirilen fidelere beyaz sinekten korumak amacıyla dikimden önce etken maddesi imidacloprid olan Confidor 350 SC isimli ilaçtan 16 litre suya 6 cc konularak hazırlanan karışım pülverizatör yardımı ile üstten verilmiştir. Daha sonra violler etken maddesi thiamethoxam olan Actara 40 SC isimli ilaçtan 18 litreye 8-10 cc konularak hazırlanan karışıma batırılmış ve seraya taşınmıştır.

Dikim yapılmadan bir gün önce, sera toprağının ele çamur yapışmayacak şekilde tavlı olmasını sağlamak amacıyla sulama yapılmıştır. Bunun yanı sıra dikim sırasında sulama yapılmamasına dikkat edilmiştir.

Dikimde ilk olarak yeterli gelişmeyi göstermiş baba hatlara ait olan fidelerin dikimi yapılmıştır (3 Mart 2006). Bundan yaklaşık iki hafta sonra ana hatlara ait fidelerin dikimi 22 Mart 2006 tarihinde gerçekleştirilmiştir (Şekil 4.5). Dikim işleminin sabah erken saatlerde yapılmasına dikkat edilmiştir. Dikim sırasında denemede üzerinde durulan uygulamaların sera içerisindeki dağılımlarının tesadüfi olarak yapılmasına dikkat edilmiştir.

Şekil 4.5. Seraya dikimi yapılmış fideler (Orijinaldir)

Dikim çift sıralı olarak ve dikim sıklığı baba hatlarda 100×40×15 cm, ana hatlarda ise 100×40×20 cm olacak şekilde yapılmıştır. Burada baba hatlarda meyve tutturulmayacağı için o bitkilerin arasındaki mesafe daha az bırakılarak yerden tasarruf edilmesi amaçlanmıştır.

Ana ve baba hatlara ait olan fidelerin dikimi gerçekleştirildikten sonra damlama sulama yöntemi kullanılarak bol miktarda can suyu uygulaması yapılmış ve bundan sonra çiçeklenme başlayana kadar gerekmedikçe sulama yapılmamıştır. Dikimden bir gün sonra beyaz sinek ve kırmızı örümceğe karşı koruma amaçlı olarak planlanmış ve 16 litre suya 6 cc Confidor 350 SC (Etken madde: imidacloprid) ve 6 cc Agrimec EC (Etken madde: abamectin) karıştırılarak hazırlamış karışımdan üstten püskürtme yöntemi ile uygulama yapılmıştır. Bundan sonrada serada beyaz sinek ve kırmızı örümcek gibi zararlılarla, mildiyö ve külleme gibi hastalıklara karşı gerekli görüldükçe ilaç uygulamaları yapılmıştır.

Dikimden sonra yapılan günlük kontrollerde karşılaşılan problemler giderilmiştir. Bu problemler hastalık ve zararlı mücadelesi ve zayıf gelişme gösteren fidelerin sökülerek yerine sağlıklı olanların dikilmesidir.

Baba hatların bitkileri dikimden sonra 3-4 gerçek yapraklı hale gelince $AgNO_3$ (=Gümüş Nitrat) uygulanma işlemleri başlamış ve iki haftada bir olmak üzere iki kez uygulanmıştır. İlk uygulama tarihi 15 Mart 2006 ikinci uygulama tarihi de 30 Mart 2006' dır. Bu uygulamaların yapılmasının amacı baba hatlara ait bitkilerde melezlemelerde kullanılacak yeterli miktarda erkek çiçek oluşumunun sağlanmasıdır

Uygulama su ve $AgNO_3$ iyice karıştırıldıktan sonra içeriye ışığı sızdırmayacak özellikte olan el pompaları yardımı ile erkek çiçeklerin oluştuğu yaprakların koltuklarına ve bitkinin büyüme ucuna püskürtmek sureti ile yapılmıştır. Uygulamalardan sonra bitkilerin yapraklarında deformasyonlar gözlemlenmiştir (Şekil 4.6 ve 4.7). Bunun yanı sıra bu kimyasalın uygulanması dişi çiçekler de erselikleşmeye sebep olmuştur (Şekil 4.8).

Şekil 4.6. $AgNO_3$ uygulaması sonrası oluşan yaprak deformasyonları (Orijinaldir)

Şekil 4.7. $AgNO_3$ uygulamasından sonra meydana gelen deformasyonlar (Orijinaldir)

Şekil 4.8. Dişi çiçeklerin erselikleşmesi (Orijinaldir)

Bitkiler belli bir büyüklüğe ulaştıktan sonra kendi başlarına dik duramadıkları için ipe alma çalışmaları yapılmıştır. Bu aşamanın da gerçekleşmesi ile birlikte hıyar bitkileri çok daha hızlı büyüdükleri bir evreye girmiştir. Bundan dolayı bu işlemden sonra bitkilerin düzenli olarak her iki günde bir ipe dolanma işlemi yapılmıştır.

Dikimden 20-25 gün sonra ilk olarak erkek çiçekler erkek hatlara ait bitkiler üzerinde seyrekçe görülmeye başlamıştır (Şekil 4.9).

Şekil 4.9. Tek-tek meydana gelen ilk erkek çiçekler (Orijinaldir)

Bundan birkaç gün sonra dişi çiçeklerinde açmaya başlaması ile melezleme işlemlerinin yapılmasına 15 Nisan 2006 tarihinde başlanmıştır (Şekil 4.10).

Şekil 4.10. Hıyar bitkisinin ilk dişi çiçekleri ve yaprak koltuklarından çıkmış sürgünler (Orijinaldir)

Denemede kullanılan baba hatta ait bitkiler tek evcikli çiçek yapısına sahip olup;, bunlarda erkek ve dişi çiçekler aynı bitki üzerinde fakat farklı yerlerde bulunur. Denemedeki dişi hat olarak kullanılan bitkiler ise gynocie yani %100 dişi çiçek verme özelliğine sahiptir. Baba hatta ait bazı bitkilerde gözlenen erselik çiçekler ise normal dişi çiçeklere çok benzemelerine rağmen dişi çiçeklere göre daha kısa ve kalın yapılı olmaları ve polen taşıyan erkek organlara sahip olmaları nedeniyle dişi çiçeklerden ayrılırlar.

Erkek çiçekler ince dallar üzerinde yaprak koltuklarında 2-5 arasında salkım halinde meydana gelmiştir (Şekil 4.11).

Şekil 4.11. Salkım şeklinde meydana gelmiş erkek çiçekler (Orijinaldir)

Erkek ve dişi çiçekler sarı renkli olup 5 çanak ve 5 taç yaprağa sahiptir. Ömrü erkek çiçeklerden daha uzun olan dişi çiçekler, 40-48 saat yaşar yani döllenme özelliğini korurlar (Sevgican, 1999). Bu nedenle melezleme sırasında arta kalan dişi çiçekler bir gün sonrası kullanılmıştır. Ancak erkek çiçekler uygun koşullarda saklanması yapılmadığı sürece ertesi günü kullanılmamıştır.

Melezleme işleminin yapılışında zaman çok önemli olduğundan tozlamanın sabah erken saatlerde yapılması polen canlılığın bu saatlerde yüksek olması ve dişi organın fizyolojik yapısı nedeniyle önemlidir. Tozlamada kullanılacak polen dişi bitki sayısının ¼ 'ü oranında dikilmiş baba hatlardaki erkek çiçeklerin tozlanmadan bir gün önceki öğleden sonra açmaya en yakın dönemde (Şekil 4.12) olanlarının pens yada tel gibi bir materyalle kapatılması ile elde edilmiştir (Şekil 4.13).

Şekil 4.12. Açmaya en yakın dönemdeki erkek çiçek (Orijinaldir)

Şekil 4.13. Pens kullanılarak kapatılmış erkek çiçek (Orijinaldir)

Erkek çiçeklerin tel ya da pens yardımı ile kapatılarak sarı yapraklarının açılmasının önlenmesi sayesinde ertesi günü yapılacak melezleme işlemine kadar arı, böcek ya da rüzgar nedeni ile dışarıdan gelebilecek yabancı polen girişi engellenmiştir.

Aynı şekilde dişi hatlarda da açmaya en yakın olan dişi çiçekler tozlamadan bir gün önceki öğleden sonra yapılan kontrollerde pens yardımıyla kapatılmıştır. Dişi çiçeklerin pens yardımı ile sarı yapraklarının kapatılması hem yabancı polen girişini engellemede hem de ertesi sabah hangi çiçeğin melezlemede kullanılacağını belirlemede yardımcı olmuştur.

Melezlemelerin yapılışı; ilk olarak eller ve kullanılan malzemeler etil alkol ile silinerek dezenfekte edilmiştir. Böylece ellerde veya malzemelerde bulaşık halde bulunan yabancı polenlerinde yok edilmesi sağlanmıştır. Bu aşamadan sonra baba hatların bulunduğu alanlara gidilerek, bir gün önceki öğleden sonra pens yardımı ile kapatılmış erkek çiçekler bir kap içerisine toplanmıştır (Şekil 4.2.12). Daha sonra ana hatlara ait bitkilerin olduğu alanlara gidilerek, yine bir gün önceden kapatılan dişi çiçeklerin olduğu bitkiler tespit edildikten sonra melezleme işlemi yapılmıştır.

Şekil 4.14. Tozlamada kullanılan erkek çiçekler (Orijinaldir)

Melezlemeler sırasında, erkek çiçeklerin çanak yaprakları ve taç yaprakları şekil 4.14'de görüldüğü gibi polene zarar vermeden tamamen koparılmıştır.

Şekil 4.15. Çanak ve taç yaprakları alınmış erkek çiçek (Orijinaldir)

Bu işlemden sonra, bir gün önceden kapatılan dişi çiçeğin pensi alınarak, sarı renkli olan taç yaprakları elle zarar vermeden açılmış ve hazırlanan erkek çiçekteki polenin dişicik tepesine sürülmesi suretiyle tozlama işlemi tamamlanmıştır (Şekil 4.16).

Şekil 4.16. Hıyarda melezlemenin yapılışı (Orijinaldir)

En son olarak da melezlenen dişi çiçeğin taç yaprakları yine bir pens yardımı ile tutturularak kapatılmış ve Şekil 4.17' de görüldüğü gibi meyve sapına kırmızı kartondan kesilmiş bir etiket takılmıştır. Böylece melezlemesinin yapılmış olduğu belirtilmiş olur.

Şekil 4.17. Meyve sapına takılan belirtme etiketi (Orijinaldir)

Tozlama işlemi yapıldıktan sonra erkek çiçek dişi çiçeğin içinde bırakılarak dişi çiçeğin taç yaprakları tekrardan kapatılıp pens ile tutturulmuştur (Şekil 4.18).

Şekil 4.18. Melezlemenin yapılışı (Orijinaldir)

Melezleme işleminin yapılmasından sonra dişi çiçeğin taç yapraklarının kapalı tutulması önemlidir, çünkü dişi çiçek tozlamadan 48 saat sonraya kadar herhangi bir etkiyle kendine ulaşan yabancı polenleri alabilecek yapıdadır. Denemede bir erkek çiçekle yalnızca bir dişi çiçeğin melezlenmesi sağlanmıştır.

Bütün bitkilerdeki melezleme işlemleri yapıldıktan sonra tohum almak amacıyla tutturulan meyvelerin olgunlaşması beklenmiştir (Şekil 4.19). Bu dönemde bitkilerin beslenmesine mevcut iklim şartlarının gereklerine göre devam edilmiştir.

Şekil 4.19. Melezlemeden sonra olgunlaşmaya bırakılan meyveler (Orijinaldir)

Melezlemeler yapıldıktan 35 - 45 gün sonra fizyolojik olgunlaşmanın gerçekleştiği Şekil 4.20'de görüldüğü gibi meyve kabuğunun tamamen sararması ile anlaşılmış, 15 Haziran 2006 tarihinde hasat işlemleri yapılmıştır (George, 1985).

Şekil 4.20. Hasat zamanındaki tohumluk hıyar meyveleri (Orijinaldir)

4.3. Araştırmada İncelenen Özellikler ve Yöntemleri

4.3.1. Meyve Çapı

Hasattan sonra tohumluk meyveler ortasından enine kesilmiş ve cetvel yardımı ile ölçüm yapıldıktan sonra değerler cm olarak belirlenmiştir.

4.3.2. Meyve Boyu

Hasat yapıldıktan sonra tohumluk meyvelerin tamamının boyu cetvel yardımıyla ölçülmüş ve cm olarak belirlenmiştir.

4.3.3. Meyve Ağırlığı

Hasat işleminin tamamlanmasından hemen sonra her meyvenin ağırlığı hassas terazi (0.01 g) kullanılarak tartılmış ve g olarak belirlenmiştir.

4.3.4. Bitki Başına Tohum Verimi

Hasadın tamamlanmasıyla, yukarıda sayılan ölçüm ve tartım işlemleri yapıldıktan sonra hemen tohum çıkarma işlemine geçilmiştir. Elle çıkarılan tohumlar daha kolay temizlenebilmeleri için kendi suyu içinde bir gün bekletilip fermantasyona uğratıldıktan sonra yıkanmış ve doğal yöntemle direk güneş ışığına maruz bırakılmadan kurumaları sağlanmıştır. Daha sonra hava almayacak şekilde ağzı kilitli plastik poşetlere konularak soğuk hava deposunda muhafaza edilmeleri sağlanmıştır.

Denemeye başlamadan önce karışıklıkları önlemek amacıyla her uygulamaya bir kod numarası verilmişti. Meyvelerle yapılan her işlemde bu kod numaraları esas alınmış ve bitki başına tohum verimi belirlenirken aynı bitkiden hasat edilmiş meyvelerin tohumu kodları doğrultusunda aynı poşete konulduğu için hassas terazi (0.01 g) ile yapılan tartımlar sonucu bitki başına tohum verimi g/bitki olarak belirlenmiştir.

4.3.5. 1000 Tane Ağırlığı

Farklı meyve sayısı uygulamalarından elde ettiğimiz tohumluktan 4 kez tesadüfi olarak 1000'er tanelik gruplar sayılarak alınmış ve 0.01 g hassasiyetindeki terazide tartılmıştır. Son olarak da elde edilen bu 4 değerin ortalaması alınmış ve sonuçlar g olarak belirlenmiştir.

4.3.6. Sürme Hızı ve Sürme Gücü

Laboratuar koşullarında oda sıcaklığında, plastik deneme kapları ve kum kullanılarak yapılmıştır (Şekil 4.21). Sürme denemesinde kabın tabanına 5 cm kalınlığında kaba kum onun üzerine ince kum eklenip nemlendirilmiş ve tohumlar ekildikten sonra üzerleri yaklaşık 3 cm kalınlığında ince kumla örtülmüştür. 4 × 15 bitki olacak şekilde yapılmış olan sürme denemelerinde, ISTA kurallarına göre, ilk sayımda (4. gün) toprak yüzeyine çıkmış olan çimlerin %' de ortalaması sürme hızı; son sayımda (8. gün) tespit edilen %' de ortalama değer de sürme gücü olarak belirlenmiştir (Şehirali, 1997).

Şekil 4.21. Sürme denemesi (Orijinaldir)

4.3.7. Çimlenme Hızı ve Çimlenme Gücü

Bu testler laboratuar koşullarında 25 ± 0.5 ^{0}C sabit sıcaklıkta ve etüv kullanılarak yapılmıştır (Şekil 4.22). 60 adet tohum sayılarak 4 tekerrürlü olacak şekilde her bir tekerrürde 15 adet tohum petri kaplarına nemli kağıtlar arasına yerleştirilmiştir. ISTA kurallarına göre ilk ve son sayım (4. ve 8.) günlerinde normal bitki oluşumları gösterenler kayıt edilmiş ve çimlenme değerleri hesaplanmıştır. İlk sayımlardan elde edilen veriler 'çimlenme hızı' son sayımlardan elde edilen veriler de 'çimlenme gücü' olarak tohumluk hesaplarında dikkate alınmıştır (Şehirali, 1997).

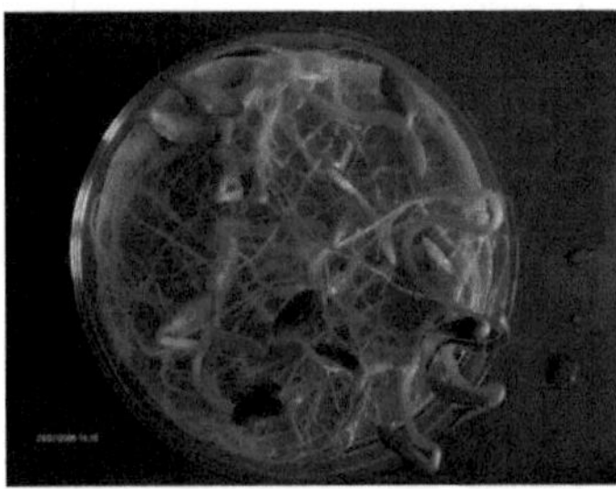

Şekil 4.22. Çimlendirme denemesinden bir görüntü (Orijinaldir)

4.3.8. Verilerin Değerlendirilmesi

Araştırmada elde edilen veriler SPSS istatistik programında analiz edilerek sonuçlar Duncan Çoklu Karşılaştırma Testi'ne tabi tutulmuştur. Ayrıca parametreler arasındaki Pearson korelasyon katsayıları da tespit edilmiştir.

5. BULGULAR

5.1. Meyve Çapı

Meyvelerin çap uzunluklarına (cm) ait sonuçlar ve ortalamaları Çizelge 5.1' de verilmiştir. Bu değerler incelendiğinde uygulamalarda elde edilen meyve çapları arasındaki farkın %5 seviyesinde önemli olduğu bulunmuştur. Meyve çapı değerlerinin 1 meyveli uygulamada en yüksek (3.65 cm), 12 meyveli uygulamada ise en düşük (2.30 cm) olduğu saptanmıştır.

Çizelge 5.1. Hıyarda bitki üzerinde oluşturulan farklı meyve sayılarının meyve çapı, meyve boyu ve meyve ağırlığı üzerine etkileri

Uygulama	Meyve Çapı(cm)	Meyve Boyu (cm)	Meyve Ağırlığı(g)
1 meyveli	3.65 a*	31.33 a	731.00 a
2 "	3.40 ab	29.30 ab	682.00 a
3 "	3.17 bc	28.07 bc	578.66 b
4 "	3.14 bc	27.56 bc	549.66 bc
5 "	3.07 c	26.21 cd	487.66 c
6 "	2.80 d	24.26 de	403.33 d
7 "	2.81 d	23.82 de	384.66 de
8 "	2.81 d	23.62 de	349.66 def
9 "	2.73 d	22.68 ef	365.33 def
10 "	2.43 ef	20.40 fg	300.33 f
11 "	2.61 de	19.98 fg	303.33 f
12 "	2.30 f	18.82 g	354.00 def
13 "	2.31 f	18.63 g	318.33 ef
Ortalama	2.86	24.21	446.77

* Aynı sütundaki aynı harfle gösterilen ortalamalar arasındaki fark $p \leq 0.05$ düzeyinde önemsizdir.

5.2. Meyve Boyu

Meyve boylarına ait değerler incelendiğinde aynı meyve çapı değerlerinde olduğu gibi bitki üzerinde tutturulan meyve sayısı arttıkça meyve boy uzunluğunun azaldığı görülmektedir (Çizelge 5.1). En uzun meyve boyu 31,33 cm olarak 1 meyveli uygulamadan elde edilirken en kısa meyve boyu 18.63 cm olarak 13 meyveli uygulamadan elde edilmiştir (Şekil 5.1 ve 5.2) .

Şekil 5.1. On üç meyveli bitki grubundan bir meyve (Orijinaldir)

Şekil 5.2. Tek meyveli bitki (Orijinaldir.)

5.3. Meyve Ağırlığı

Çizelge 5.1' in incelenmesinden de anlaşılacağı gibi meyve ağırlığı üzerine uygulamaların etkileri istatistik anlamda %5 ihtimal seviyesinde önemli bulunmuştur. Uygulamalara göre meyve ağırlığı 731.00-300.33 g arasında değişim göstermiştir. En yüksek meyve ağırlığı bitki üzerinde 1 meyve gelişimine izin verilen uygulamadan, en düşük meyve ağırlığı ise bitki üzerinde 13 meyve gelişimine izin verilen uygulamadan elde edilmiştir.

5.4. Bitki Başına Tohum Verimi

Tohum çıkarma ve yıkama işlemleri yapılırken bazı meyvelerde tohum miktarının yeterli olmasına karşılık bazı meyvelerdeki tohum miktarının çok düşük olduğu hatta bazılarında hiç tohum çıkmadığı gözlenmiştir (Şekil 5.3 a, b ve c).

a b

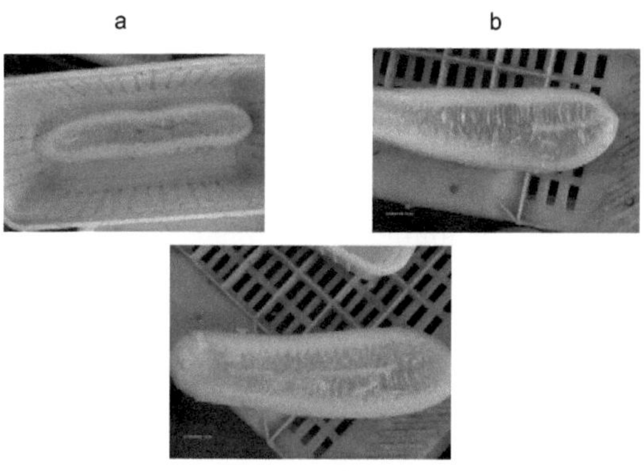

c

Şekil 5.3. Tohumluk meyvelerin boyuna kesitleri.Yukarıdaki şekillerden a' da içinde hiç tohum oluşturamayan meyve, b' de içinde çok tohum oluşan meyve ve c' de içinde az miktarda tohum oluşan meyve gösterilmektedir (Orijinaldir).

Çizelge 5.2. Hıyarda bitki üzerinde oluşturulan farklı meyve sayılarının, bitki başına tohum verimi ve 1000 tane ağırlığı üzerine olan etkileri

Uygulama	Bitki Başına Tohum Verimi(g)	1000 Tane Ağırlığı (g)
1 meyveli	5.29 g	36.01 abc
2 "	8.62 g	38.31 bc
3 "	16.48 fg	38.80 a
4 "	25.25 f	38.18 bc
5 "	42.62 e	34.10 bc
6 "	50.71 de	32.86 c
7 "	57.70 cd	32.90 c
8 "	58.51 bcd	32.18 c
9 "	70.11 abc	32.97 c
10 "	72.90 a	31.83 c
11 "	79.08 a	32.92 c
12 "	75.30 a	32.10 c
13 "	71.81 ab	32.16 c
Ortalama	48.80	34.25

Çizelge 5.2. incelendiğinde bitki başına tohum verimi üzerine uygulamaların etkileri istatistik anlamda %5 ihtimal seviyesinde önemli bulunmuştur. Uygulamalara göre bitki başına verim 79.08-5.29 g arasında değişim göstermiştir. En yüksek bitki başına tohum verimi bitki üzerinde 11 meyve gelişimine izin verilen uygulamadan, en düşük bitki başına tohum verimi ise bitki üzerinde 1 meyve gelişimine izin verilen uygulamadan elde edilmiştir.

Tablo 5.1 Hıyarda bitki üzerinde oluşturulan farklı meyve sayılarının, bitki başına tohum verimi üzerine olan etkileri

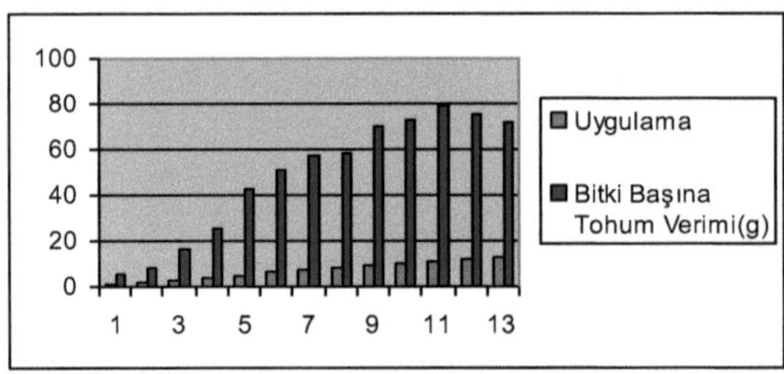

5.5. Bin Tane Ağırlığı

Çizelge 5.2'nin incelenmesi sonucu bin tane ağırlığı üzerine uygulamaların etkileri istatistik anlamda %5 ihtimal seviyesinde önemli bulunmuştur. Uygulamalara göre bin tane ağırlığı 38.80-31.83 g arasında değişim göstermiştir. En yüksek bin tane ağırlığı bitki üzerinde 3 meyve gelişimine izin verilen uygulamadan, en düşük bin tane ağırlığı ise bitki üzerinde 10 meyve gelişimine izin verilen uygulamadan elde edilmiştir.

Tohumların ortalama 1000 tane ağırlığı değeri ise 34.25 g olarak belirlenmiştir. Buna göre 1, 2, 3 ve 4 meyveli uygulamaların 1000 tane ağırlığı değerleri ortalama değerin üzerinde çıkarken, 5, 6, 7, 8, 9, 10, 11, 12 ve 13 meyve tutmasına izin verilen bitkilerin 1000 tane ağırlık değerlerinin ortalamanın altında ve 32.10 g ile 32.97 g arası değerlerde meydana geldiği saptanmıştır.

5.6 Sürme Hızı ve Sürme Gücü

Çizelge 5.3' ün incelenmesi sonucu sürme hızı bakımından en yüksek değer (%88.3) bitki üzerinde 2 meyve tutmasına izin verilen uygulamadan elde edilmiştir. Sürme hızı değerinin en düşük (%45) olduğu uygulama ise bitki üzerinde 13 meyve tutmasına izin verilen uygulamadan elde edilmiştir.

Çizelge 5.3. Hıyarda bitki üzerinde oluşturulan farklı meyve sayılarının, çimlenme ve sürme parametrelerine etkileri

Uygulama	Sürme hızı (%)	Sürme gücü (%)	Çimlenme hızı (%)	Çimlenme gücü (%)
1 meyveli	68.33 b*	100**	56.67abcd	100 a
2 "	88.3 a	100	65.00a	100 a
3 "	80.0 ab	100	63.33ab	100 a
4 "	76.70 ab	100	58.33abc	100 a
5 "	76.70 ab	100	55.00 abcde	100 a
6 "	76.70 ab	100	55.00 abcde	98.33 a
7 "	66.70 bc	98.33	53.33abcde	96.67ab
8 "	63.33 bcd	98.33	48.33bcdef	95.00ab
9 "	50.00 cd	96.66	45.00 cdef	93.33 ab
10 "	50.00 cd	96.66	41.67def	93.33 ab
11 "	48.33 d	96.66	40.00 ef	88.33bc
12 "	46.70d	96.66	40.00 ef	83.33 cd
13 "	45.00 d	93.33	36.67f	78.33 d
Ortalama	64.13	98.2	50.67	94.33

* Aynı sütunda aynı harfle gösterilen ortalamalar arasındaki fark istatistiksel olarak önemsizdir ($p \leq 0.05$).
** İstatistiksel olarak önemli değil.

Uygulamaların sürme hızı, çimlenme hızı ve çimlenme gücü üzerine etkisi istatistiksel olarak önemli ($p \leq 0.05$) bulunurken. sürme gücü üzerine etkisi önemsiz olmuştur.

5.7. Çimlenme Hızı ve Çimlenme Gücü

Çizelge 5.3' de yer alan verilere göre çimlenme hızı bakımından en yüksek (%65.00) değer 2 meyve tutturulan uygulamadan elde edilmiştir. Çimlenme hızının en düşük olduğu (%36.67) değeri ise 13 meyve tutturulan uygulamadan elde edilmiştir.Çimlenme gücü bakımından 1, 2, 3, 4 ve 5 meyve tutturulan bitki gruplarının değer olarak birbirine eşit olduğu (%100) ve bunun da elde edilen en yüksek değer olduğu Çizelge 5.3' ün incelenmesi ile görülecektir. Çimlenme gücü bakımından en düşük değer yine 13 meyve tutturulan uygulamadan elde edilmiştir. Denemede anormal çim oluşumu gözlenmemiştir.

5.8. Parametreler arasındaki Pearson Korelasyon Katsayıları

Çizelge 5.4. incelendiğinde meyve çapı × meyve boyu korelasyonunun %1 ihtimal seviyesinde önemli olduğu görülmektedir. Aynı şekilde meyve çapı × meyve ağırlığı arası korelasyonda %1 ihtimal düzeyinde önemli çıkarken meyve çapı ile bitki başına tohum verimi arasındaki ilişki negatif olarak belirlenmiştir. Buna göre meyve çapı arttıkça, bitki başına tohum verimi azalmaktadır. Meyve çapı ile bin tane ağırlığı arası korelasyon pozitif olup, meyve çapı arttıkça 1000 tane ağırlığı da artmaktadır.

Çizelge 5.4. Araştırılan parametreler arasındaki Pearson korelasyon katsayıları

	Meyve Çapı	Meyve Boyu	Meyve Ağırlığı	Bit.Baş. Tohum Verimi	Bin Tane Ağırlığı
Meyve Çapı	1.00				
Meyve Boyu	0.932**	1.00			
Meyve Ağırlığı	0.905**	0.908**	1.00		
Bit.Baş.Tohum Verimi	-0.898**	-0.897**	-0.918**	1.00	
Bin tane ağırlığı	0.610**	0.668**	0.669**	-0.716**	1.00

** Korelasyon 0.01 düzeyinde önemlidir

Bitki başına tohum verimi (g/bitki) ile bin tane ağırlığı (g) arasındaki korelasyon negatif olarak belirlenmiştir. Buna göre bitki başına tohum verimi arttıkça, tohumların 1000 tane ağırlığı düşmektedir. Bin tane ağırlığı (g) ile meyve çapı, meyve boyu ve meyve ağırlığı arasındaki korelasyonun pozitif olduğu Çizelge 5.4.' ün incelenmesi sonucu anlaşılmaktadır.

Çizelge 5.5. Parametreler arasındaki Pearson korelasyon katsayıları

	Sürme hızı	Sürme gücü	Çimlenme hızı	Çimlenme gücü	Meyve çapı	Meyve boyu	Meyve ağırlığı	Bitki baş. toh. ver.	1000 tane ağırlığı
Sürme hızı	1.00								
Sürme gücü	0.548**	1.00							
Çimlenme hızı	0.586**	0.413**	1.00						
Çimlenme gücü	0.610**	0.423**	0.718**	1.00					
Meyve çapı	0.635**	0.300	0.544**	0.605**	1.00				
Meyve boyu	0.649**	0.389*	0.529**	0.639**	0.932**	1.00			
Meyve ağırlığı	0.639**	0.359*	0.490**	0.504**	0.905**	0.908**	1.00		
Bitki başına tohum verimi	-0.681**	-0.363*	-0.549**	-0.506**	-0.898**	-0.897**	-0.918**	1.00	
1000 tane ağırlığı	0.579**	0.301	0.365*	0.327*	0.610**	0.668**	0.669**	-0.716**	1.00

** Korelasyon 0.01 düzeyinde önemlidir.
* Korelasyon 0.05 düzeyindeönemlidir.

Meyve çapı, meyve boyu, meyve ağırlığı ve 1000 tane ağırlığı ile sürme hızı, çimlenme hızı ve çimlenme gücü arasındaki korelasyonların pozitif olduğu Çizelge 5.5.'in incelenmesi ile anlaşılmaktadır. Yani meyvelere ait olan çap, boy, ağırlık ve tohuma ait olan 1000 tane ağırlığı gibi özelliklere ait değerlerin artmasıyla, tohumların çimlenme ve sürme hızları ile çimlenme güçlerinin arttığı saptanmıştır.

Sürme hızı ile çimlenme hızı ve gücüne ait değerlerle, bitki başına tohum verimine ait değerler arasındaki ilişkinin negatif olduğu yani bitki başına elde edilen tohum verimi arttıkça, diğer özelliklerin azaldığı Çizelge 5.5' in incelenmesi sonucu saptanmıştır. Denemede yer alan uygulamaların tohumların sürme gücü üzerine olan etkisi önemsiz bulunmuştur.

6. TARTIŞMA

Bu deneme hıyar F_1 tohum üretimi çalışmalarında elde edilen tohumluk materyalin kalitesi ve miktarı ile bitki üzerinde bırakılan meyve sayısı arasındaki ilişkileri belirlemek amacıyla yürütülmüştür.

Meyve çapı ile bitki üzerinde bırakılan meyve sayısının ilişkileri Çizelge 5.1' de görülmektedir. Meyve çapının en yüksek değeri 3.65 cm ile 1 meyve taşıyan bitkilerde gerçekleşmişken, en düşük değer 2.3 cm ile 12 adet meyve taşıyan bitkilerde meydana gelmiştir. Buradan meyve çapı üzerine bitkinin taşıdığı meyve yükünün doğrudan etkileri olduğu görülmektedir.

Meyve çapı ile bitki başına tohum verimi arası korelasyonun (Çizelge 5.4) negatif olduğu saptanmıştır. Buna göre çap arttıkça bitki başına tohum verimi azalmıştır. Ancak bu bitkilerin meyvelerinden alınan tohumların 1000 tane ağırlığı ortalamalarının 38.8 g ile 36.0 g arasında olduğu belirlenmiştir. Bu değerler bitki başına tohum verimi yüksek olan çeşitlerde 32.9 g ile 31.8 g arasında çıkmıştır. Normal şartlar altında beslendiği kabul edilen bitkilerde meyve çapının artmasıyla meyvenin içerdiği tohum ağırlığının artmasının doğal olduğu düşünülebilir. Araştırmamızda tohum iriliğinin artmasıyla çimlenme özelliklerinin de arttığı görülmektedir. Çimlenmede embriyonun gelişmesi sırasında gerekli enerji miktarının iri tohumlarda daha fazla olması mantıklı bir gereklilik olabilir. Nitekim Karaltın vd. (2000) farklı buğdaygil ve baklagil bitkisi tohumlarında tohum iriliğinin çimlenme oranı ve fide büyümesi üzerine olan etkilerini araştırmışlardır. Her iki bitki türünde de iri tohumların çimlenme oranı, kökçük uzunluğu, fide uzunluğu ve kökçük kuru ağırlığı ölçümlerinin küçük tohumlara göre daha yüksek sonuçlar verdiğini saptamışlardır. Perry (1982) tohum kalitesinin, çimlenme ve çıkışın en önemli şartının tohum olgunlaşması olduğunu vurgulamıştır. Ayrıca Robani (1992) tohumluk kalite kriterlerinin ekolojik ve genetik faktörlerin etkisi altında olduğunu saptamıştır. Gutterman (1992) tohum kalitesinde ana bitki ve ana bitkinin yetiştirilme koşullarının etkili olduğunu belirtmiştir. Eastwood ve Laidman (1971)' in yaptıkları çalışmalarda bir tohumun büyüklüğü ile olgunlaşması sırasındaki protein ve yağ miktarının doğru orantılı olduğu, tohum hacmi büyüdükçe yapısındaki protein ve yağ miktarının arttığı, büyük hacimli tohumların, çimlenme hızı ve fide gelişiminin de hızlı olduğu belirtilmiştir. Eastwood ve Laidman' e ait bu çalışma elde ettiğimiz bulguları destekler niteliktedir.Araştırmamızda bitki üzerinde bırakılan meyve sayısının gerek meyve parametreleri ve gerekse çimlenme özelliklerini etkilemesi literatüre uyumludur.

Çizelge 5.4. incelendiğinde meyve boyu (cm) ve bitki başına tohum (g/bitki) verimi arasındaki korelasyonun negatif olduğu görülmüştür. Buna göre meyvelerde boy uzunluğunun artması tohum veriminde azalmaya neden olmuştur. En yüksek meyve boyu değerlerine sahip olan 1, 2, 3, 4, 5 meyve taşıyan bitki grubunda bitki başına tohum verimi 5.2 g ile 42.6 g arasında değişmektedir. Bitki başına tohum verimi en yüksek değerine (79.07 g) 11 meyve taşıyan bitki grubunda ulaşmıştır. Çünkü denememizde bir meyveden alınan tohum sayısı farklı uygulamalarda birbirine yakın değerlerde (100-125 adet/meyve) çıkmıştır. Burada değişen sadece tohumun büyüklüğü olmuştur fikri ağırlık kazanmaktadır.

Çizelge 5.1' de yer alan meyve ağırlığı değerleri incelendiğinde en yüksek meyve ağırlığının 731.00 g' la yine 1 meyve taşıyan bitki grubundan elde edildiği görülmüştür. En düşük meyve ağırlığı değerleri ise 300.33 g' la 10 meyve taşıyan bitki grubundan elde edilmiştir. Meyve ağırlığı değerlerinin, meyve çapı, meyve boyu değerleri ve 1000 tane ağırlıkları ile pozitif korelasyona sahip olduğu saptanmıştır. Bunun yanı sıra meyve ağırlığının, bitki başına tohum verimi ile negatif ilişkisinin olduğu belirlenmiştir.

Bitki üzerinde tutturulan meyve sayısı arttıkça, bitki başına elde edilen tohum miktarının da artmış olduğu saptanmıştır (Çizelge 5.1). Çömlekçioğlu vd. (2001)' nin biberde yaptıkları benzer çalışmada bitki başına farklı sayıda meyve uygulamaları (kontrol, 6, 8, 10 ve 12 meyve/bitki) denenmiştir. En fazla tohum verimi meyve sayısına müdahale edilmeyen kontrol uygulamasından alınmıştır. Bu çalışmanın sonuçları bizim denememizin sonuçları ile örtüşmektedir.

Kaşka ve Yılmaz (1974) çimlenme olayını, tohumda büyümenin başlaması ile yedek besin maddelerinin embriyo büyümesinde kullanılmak üzere hareketli hale geçmelerini içeren birçok biyokimyasal ve fizyolojik değişiklikler serisi olarak tanımlamışlardır. Denememizde elde edilen çimlenme hızı ve çimlenme gücü ile sürme hızı ve sürme gücü değerleri incelendiğinde ise (Çizelge 5.5) meyve çapı bakımından yüksek değerlere sahip olan 1, 2, 3 ve 4 meyve tutturulan uygulamalara ait tohumlarda çimlenme hızı ve gücü ile sürme hızı değerlerinin yüksek olduğu saptanmıştır. Meyve çap değerleri azaldıkça çimlenme ve sürme ile ilgili olan değerlerde de azalmalar olmuştur. Çömlekçioğlu vd. (2001)'nin biberde yaptığı benzer çalışmada, farklı sayıda meyve uygulamalarının, çimlenme oranı ve süresi ile çıkış oranı ve süresi üzerine önemli etkilerinin olmadığı belirlenmiş olup bu sonuç bizim elde ettiğimiz sonuçla örtüşmemektedir.

Buradan hıyarda çapı büyük olan meyvelerde yer alan tohumların daha iyi dolduğu için daha kaliteli olduğu ve çimlenme ile sürme hız ve güçlerinin bu durumdan olumlu etkilendiği sonucu çıkarılabilir. Meyve çapı ile meyve boyu ve meyve ağırlığı arasındaki korelasyonların da pozitif olduğu Çizelge 5.4.' ün incelenmesi ile anlaşılmaktadır.

Bezelyede *(P. sativum L.)* bazı tohum özelliklerinin tohumun çimlenmesi ve tarla çıkışları ile olan ilişkilerinin belirlenebilmesi için laboratuarda çimlenme yüzdesi ve tarla koşullarında fide çıkış durumları araştırılmış olup çalışmada 100 tohum ağırlığının yüksek oranda ve negatif yönde laboratuar çimlenme ve tarla çıkış oranları ile ilişkili olduğu saptanmıştır. Tarladaki çıkış periyodunun uzamasının 100 tohum ağırlığı değerindeki artış sonucu meydana geldiği belirtilmiş (Pekşen vd., 2004) olup bu sonuç deneme sonuçlarımızı desteklememektedir. Böyle bir sonucun ortaya çıkmasında materyal olarak kullanılan bitki türlerinin farklı olmasının etkili olduğu düşünülebilir.

Bunun yanı sıra bitki üzerinde ilk tutturulan meyvelere ait tohumların daha kaliteli olduğu (çimlenme ve sürme denemelerine göre) daha yukarılarda tutturulan meyvelerin ise tohumlarının yeterince dolmadığı için kalitelerinin düşük olduğu sonucuna varılabilir. Mavi ve Sermenli (2002)' nin yaptıkları çalışmada patlıcanda ana bitki üzerindeki tohumluk meyvenin yerinin tohum kalitesi üzerine etkisi araştırılmıştır. Bu çalışmada 1. ve 2. boğumdan alınan tohumların kuru madde miktarı, 1000 tane ağırlığı, çimlenme oranı, çimlenme hızı, düşük ve yüksek sıcaklıklardaki çimlenme oranları yönünden 3. 4. ve 5. boğumlardaki meyvelerden alınan tohumlardan daha iyi sonuçlar verdiği tespit edilmiştir. Elde edilen sonuç bizim elde ettiğimiz verilerle örtüşmektedir. Gutterman (1992) ana bitki üzerindeki meyvenin yerinin tohumların çimlenme kabiliyetine, iriliğine ve morfolojisine etki ettiğini bildirmektedir. Ayrıca kerevizde (Thomas vd., 1979), havuçta (Nagarajan vd., 1998), bamyada (Verma vd., 1998), biberde (Osman ve George, 1984) ve kavunda (Incalcaterra ve Caruso, 1994) yapılan çalışmalarla meyve yerine bağlı olarak tohum kalitelerinin farklı olduğu saptanmıştır.

Çizelge 5.4' de yer alan değerlerin incelenmesi sonucu bitki üzerinde farklı sayıda meyve bırakma uygulamasının tohumların sürme gücüne olan etkisinin önemsiz olduğu saptanmıştır. Ancak farklı sayıda meyve bırakma uygulamalarının sürme hızı, çimlenme hızı ve çimlenme gücü üzerine etkisinin önemli olduğu ve bitki üzerinde tutturulan meyve sayısı arttıkça, yukarıda belirtilen özelliklere ait değerlerin azaldığı sonucu elde edilmiştir. Çömlekçioğlu vd. (2001)' nin biberde yaptıkları çalışma sonucunda elde ettikleri farklı meyve sayısı uygulamalarının tohumun yukarıda bahsedilen kalite özelliklerine olan etkisinin önemsiz olduğu sonucu çalışmamızda elde ettiğimiz sonuçla örtüşmemektedir. Bu durum, kullanılan bitkisel materyallerin, denemede elde edilen tohumların ve bu tohumların çimlenme özelliklerinin faklı olmasından kaynaklanabilir.

7. SONUÇ

Araştırma sonucunda en yüksek meyve çap oranı (3.65 cm), en yüksek meyve ağırlık oranı (731.00 g), en yüksek meyve uzunluk oranı (31.33 cm) 1 meyve taşıyan bitki grubundan elde edilirken, en yüksek bitki başına tohum verimi (79.08 g/bitki) 11 meyve taşıyan bitki grubundan ve en yüksek 1000 tane ağırlığı (38.80 g) 3 meyve taşıyan bitki grubundan elde edilmiştir.

Çimlenme hızı ve sürme hızına ait en yüksek değer 2 meyveli bitki uygulamasından elde edilirken uygulamaların, sürme gücüne etkisi önemli bulunmamış ve çimlenme gücüne ait en yüksek değerlerde 1 ile 5 arası meyve tutturulan uygulamalardan elde edilmiştir.

Çalışma sonuçlarımıza göre çeşitler bazında bazı değişimlerin olabileceği de göz önüne alınarak; sezonluk üretimde işletmelere kaliteli ve yüksek verimli tohum elde etmeleri için bitki üzerinde 6-8 civarında meyve tutturmaları tavsiye edilebilir. Denememizde bu sayının üzerinde tutturulan meyvelerden alınan tohumların çimlenme hızı ve gücü ile sürme hızı testlerindeki performanslarının giderek düştüğü tespit edilmiştir. Daha az sayıda meyve tutturulması durumunda ise kalite yükselmesine rağmen elde edilecek tohum miktarı azalmaktadır. Bu durumda ticari tohum üretimlerinde 1, 2, 3, 4 ve 5 adet meyve tutturulmasının işletme açısından karlı olamayacağı sonucu çıkarılabilir.

Burada tutturulacak 6 yada 8 adet meyveden elde edilen tohumların selektör yardımıyla boyutlarına göre sınıflara ayrıldıktan sonra zayıf olanlarının elemine edilmesi de tavsiye edilebilir.

8. KAYNAKLAR

Açıkgöz, N. ve Tosun, M., 2005. Tohum Bilimi ve Teknolojisi, Cilt 1. Ege Üniversitesi, Tohum Teknolojisi Uygulama ve Araştırma Merkezi.

Alscher, G., Rietze, E., Wiebe, H.J., 1988. Diurnal Chilling Sensity of Some Vegetable Crops. Biotronics, 17,17-20.

Anonymous, 2005. http:/www.fao.org

Anonim, 2006a. http:/www. meteor.gov.tr

Anonim, 2006b. Toprak Analiz Sonucu. Laben Toprak Yaprak ve Kimyasal Analiz Laboratuarı, Antalya

Arın, L. ve Kıyak, Y., 2002. Hıyar Tohumlarına Ekim Öncesi Yapılan Farklı Uygulamaların Bazı Fiziksel Stres Şartlarında Çıkış ve Fide Gelişimi Üzerine Etkileri. Trakya Üniversitesi, Ziraat Fakültesi, Bahçe Bitkileri Bölümü, Tekirdağ.

Ayanoğlu, H. ve Yalvaç, K., 2002. Tohumculuk Politikaları. Türkiye 1. Tohumculuk Kongresi 11-13 Eylül, Bornova- İzmir.

Aybak, H.Ç. ve Kaygısız, H., 2004. Hıyar Yetiştiriciliği. Hasad Yayıncılık Limited Şirketi, İstanbul.

Basset, M. J., 1986. Breeding Vegetable Crops. Vegetable Crops Department, University of Florida. Avi Publishing company, Connecticut.

Bailly, C., Audigler, C., Ladonne, F., Wagner, M.H., Coste, F., Corbineau, F., Come, D., 2000. Changes in Olisakkarit Content and Antioxidant Enzyme Activities in Developing Bean Seeds as Related to Acquisition of Drying Tolerance and Seed Quality. Journal of Experimental Botany, pp. 701-708, April, 2001.

Bianco, V.V., Domato, G., Defillips, R., 1994. Umbel Position on the Mother Plant; Seed Yield and Quality of Seven Cultivars of Florence Fennel. Acta Hort., 362: 51-58.

Bozcuk, S., 1990. Bazı Kültür Bitkilerinin Tohumlarının Çimlenmesinde Tuz ve Kinetin Etkileşimi. Doğa, 14, 139-149

Cantliffe, D.J., White, J.M., Shuler, K.D., 1978. Reducing Vegetable Seedling Exposure to Salt Injury by Faster Emergence Through Seed Treatments. Acta Horticulture, 83, 261-267.

Cantliffe, D.J., 2001. Seed Enhancements, ISHS Acta Horticulture 607: 9. International Symposium of Timing of Field Production in Vegetable Crops.

Cholokov, D., Uzunov, N., Meranzova, R., 1985. The Influence of Presowing Laser and Gamma Irradiation Upon The Yield and Quality of Cucumber Seeds. ISHS Acta Horticulture 462: 1. Balkan Symposium on Vegetables and Potatoes

Çömlekçioğlu, N., Pakyürek, A.Y., Söylemez, S., 2001. Ekim Dönemleri ve Bitki Başına Farklı Sayıdaki Meyvelerin Biberin (*C. annuum*) Tohum Verimi ve Kalitesi Üzerine Etkileri. Harran Üniversitesi, Ziraat Fakültesi, Bahçe Bitkileri Bölümü, Şanlıurfa.

Dearman, J., Drew, R. L. K. Brocklehurst, P. A., 1987. Effect of Osmotic Priming, Rinsing and Storage on the Germination and Emergence of Carrot Seed. Ann. Appl. Biol. 111:723-727.

Demir, İ. ve Ellis, R.H., 1992. Changes in Seed Quality During Seed Development and Maturation in Tomato. Seed Sci. Res. 2, 81-87.

Demir, İ., ve Yanmaz, R. 1998. Development of Seed Quality in Cucumber. ISHS Acta Horticulture 492: 1. International Symposium on Cucurbits.

Demir, İ. ve Turgut, İ., 1999. Genel Bitki Islahı, 3. Basım Ders Kitabı. Ege Üniversitesi Ziraat Fakültesi Tarla Bitkileri Bölümü, İzmir.

Demir, İ., 2001. Changes in Seed Quality During Seed Development in Tomato and Pepper. ISHS Acta Horticulture 366: 2. Symposium on Protected Cultivation of Solanaceae in Mild Winter

Demir, İ. ve Samit, Y., 2001. Seed Quality in Relation to Fruit Maturation and Seed Dry Weight During Development in Tomato. Seed Sci. & Tech. 29(2)

Demir, İ., Mavi, K., Sermenli, T. ve Özçoban, M., 2002. Seed Development and Maturation in Aubergine (Solanum melongena L.) Verleg Eugen Ulmer GmbH ve Co. Stuttgard. 67(4) 148-154.

Dillingen, J.B., 1956. Handbuch des Gesamten Gemüsebaues. Paul Parey in Berlin und Hamburg.

Duman, İ. ve İlbi, H., 2000. Türkiye 1. Tohumculuk Kongresi. Ege Üniversitesi, Ziraat Fakültesi, Bahçe Bitkileri Bölümü, Bornova-İzmir.

Duman, İ., Eşiyok, D., Eser, B., 1999. Sebze Tohumlarının Çimlenmesini İyileştirici Farklı Osmotik Uygulama Yöntemlerinin Karşılaştırılması. Türkiye 3. Ulusal Bahçe Bitkileri Kongresi, s:530-534, Ankara.

Eastwood, D. and Laidman, D.L., 1971. Phytochemistry 10, 1459-1467.

Ellis, R.H., Hong, T.D., Jackson, M.T., 1993. Seed Production Environment, Timeof Harvest And Potential Longevity of Seeds of Three Cultivars of Rice. Annals of Botany 72, 583-590.

Eraslan, K., Demir, İ., Sariyildiz, Z., 1999. Deparment of Horticulture, Faculty of Agriculture, Unıversity of Ankara, Turkey. Seed Quality in Winter Squash Seed Stored at High Moisture Content in the Fruit After Harvest.

Eser, B., Saygılı, H., Gökçöl, A., İlker, E., 2005. Tohum Bilimi ve Teknolojisi, Cilt-1. Ege Üniversitesi, Tohum Teknolojisi Uygulama ve Araştırma Merkezi, Bornova- İzmir.

Everardo, A.N., Stolzy, L.H., Mehuys, G.R., 1975. Combined Effects of Low Oxygen and Salinity on Germination of a Semi- Dwarf Mexican Wheat. Argon. J., 67, 530-532.

George, R. A. T., 1985. Vegetable Seed Production. Longman, London.

Geren, H., Avcıoğlu, R., Soya, H., 2002. Bazı Yeni Fiğ *(Vicia sativa)* Çeşitlerinin Bornova Koşullarında Tohum Verimleri ve Buna İlişkin Bazı Özellikleri. Ege Üniversitesi, Ziraat Fakültesi, Tarla Bitkileri Bölümü, İzmir.

Gosparini, C.O., Morandi, E.N., Cairo, C.A., 1997. Effects of Age, Washing and Temperture on the Germination of İmmature Seeds, the Growth of the Radicle and the Time to Flowering, in Soybean. Rev. Fac. De Agronomia, la Plata, 102(1):1-9.

Gray, D.J.A., Ward, J.A., Stechel, J.R.A., 1984. Endaosperm and Embriyo Development in Carrot. Jour.of Eks. Botany 35, 459-465.

Guohua, X., Kafkafi, U., Wolf, S., Sugimoto, Y., 2002. Ninjing Agricultural Unıversity, College of Resources and Environmental Sciences. Ninjing-China.

Gurusamy, C. and Thiagarojan, C.P., 1998. The Pattern of Seed Development and Maturation in Cauliflower. Phyton, 38, 259-268.

Gutterman, Y., 1992. Maternal Effects on Seeds During Development. Chapter 2, Seed, the Ecology of Regenaration in Plant Communuties. Editor: Michael Fener, CAB International.

Günay, A., 1993. Özel Sebze Yetiştiriciliği Cilt 5. A.Ü. Ziraat Fakültesi, Bahçe Bitkileri Bölümü, Ankara.

Harrington, J.F., 1972. Seed Storage and Longevity. Seed Biology Vol. 3, 145-245.

Hartmann, H.T., Kester, D.E., Davies, F.T., 1997. Plant Propagation Principles and Paractises, 5. edition, PrenticHall, p.647

Hill, H. J., Taylor, A. G., Min, T.G., 1989. Density Seperation of Imbibed and Priming Vegetable Seeds. J. American Soc. Sci. 114(4):661-665

Incalcaterra, G., and Caruso, P., 1994. Seed Quality of Winter Melon as Influenced by the Position of Fruits on the Mother Plant. Acta- hort., 362: 113-116.

Jett, L.W. and Welbaum, G.W., 1996. Changes in Broccoli Seed Weight, Viability and Vigor During Development and Following Drying and Priming. Seed Sci. And Tech. 24, 127-137.

Jing, H.C., Bergervoet, J.H.W., Jalink, H., Klooster, M., Du, S.L., Bino, R.J., Hilhorst, H.W., Groot, S.P.C., 2000. Seed Science Research, Volume 10, Number 4, pp. 435-445(11), CABI Publishing.

Karaltın, S., Canlı, Y., Uslu, Ö. S., 2000. Farklı Buğdaygil ve Baklagil Bitkisi Tohumlarında Tohum İriliğinin Çimlenme Oranı ve Fide Büyümesi Üzerine Etkileri. Sütçü İmam Üniversitesi Ziraat Fakültesi, Tarla Bitkileri Bölümü, Kahramanmaraş.

Karagül, S., Korkmaz, A., Keleş, D., 2004. Akdeniz Bölgesi Koşullarında Denizli ve Kabaklı Bamya (*Abelmoschus esculantus* L. Moench) Çeşitlerinde Farklı Yetiştirme Tekniklerinin Çiçek Tozu Miktarı, Tohum Verimi ve 1000 Dane Ağırlığına Etkisi

Kameswara Rao, N.S., Appa Rao, S., Mangesha, M.H., Elis, R.H., 1991. Longevity of Pearl Millet Seeds Harvested at Different Stages of Maturity. Annals of Applied Biology 119, 97-103.

Kaşka, N., 1970. Zerdali ve Kütahya Vişnesi Çekirdeklerinde ABA Miktarları ve Katlama Süresince Bu Miktarlarda Ortaya Çıkan Değişiklikler Üzerine Çalışmalar. A.Ü.Z. F. yayınları, 431, Ankara.

Kaşka, N. ve Yılmaz, M., 1974. Bahçe Bitkileri Yetiştirme Tekniği. Ç. Ü. Ziraat Fakültesi Yayınları 79, Ders Kitabı 2. (Hartmann, H.T., Kester, D.E., Tecüme) Adana.

Kershen, D.L., 1999. Biotechnology: an Assay on the Academy, Cultural Attidues and Public Policy. AgbioForum. Vol(2), 137-146.

Kretschemer, M., 1995. Influence of Temperture and Soil Water Capacity on the Emergence of *Cucumis sativus* L. Seeds. Acta Horticulture, 396, 337-334.

Mavi, K. ve Sermenli, T., 2002. Tohumluk meyve yerindeki farklılıkların patlıcanda çıkış ve fide gelişimine etkisi. Türkiye 1. Tohumculuk Kongresi, 11-13 Eylül 2002, Ege Üniversitesi, Ziraat Fakültesi, Bornova-İzmir.

Mc Donald, M.B. Jr., 1975. Rewiev and Evaluation Seed Vigor Tests. Proceedings of the Assosiation of Official Seed Analyses, 65:109-139

Mc Donald, M.B. Jr., Fujimora, K., Sako, Y., Evans, A.F., Bennet, M.A., 2002. Computer Imaging to Improve seed Quality Determination. The Ohio State University, Department of Horticulture and Crop Science.

Moes, J., Stobbe, E.H., Entz, M.H., 1992. Management for Large Seed Size in Spring Wheat. J. Prod. Agric. 5: 497-503.

Nagarajan, S., Pandita, V.K., Sharma, D., 1998. Effect of Sowing Time and Umbel Order on Emergence Characteristics of Asiatic Carrot Daucus carota L. Seed Reserch, 26(2): 125-130.

Osman, A.O. and George, R.A.T., 1984. The Effect of Mineral Nutrition and Fruit Posption on Seed Yield and Quality in Sweet Pepper. Acta-Hort., 143:133-141.

Öz, M. ve Karasu, A., 2002. Uludağ Üniversitesi, Mustafa Kemal Paşa Meslek Yüksek Okulu, M.K.P./Bursa. Türkiye 1. Tohumculuk Kongresi, Ege Üniversitesi, 11-13 Eylül 2002 Bornova/İzmir.

Pekşen, E., Pekşen, A., Bozolu, H., Gülümser, A., 2004. Journal of Agronomy 3(4):243-246, 19 Mayıs Üniversitesi, Ziraat Fakültesi, Tarla Bitkileri Bölümü, Samsun.

Perry, D.A., 1982. The Influence of Seed Vigour on Vegetable Seedling Establishment. Sci. Hort. 33, 67-75.

Pieta Filho, C.P. and Ellis, R.H., 1991. The Development of Seed Quality in Spring Barley in Four Environments. Seed Sci. Res. 1, 163-167.

Ritchi, D.B., 1971. Tomato Seed Extraction. Hort. Res. 11, 127-135.

Robani, H., 1992. Quality Assurance Program to Ensure a Continuous Supply of High Quality Seed. Hort-Technology, 2(3): 335-336.

Samit, Y. ve Demir, İ., 2001. Quality of Tomato Seeds on Affected by Fruit Maturity at Harvest and Seed Extraction. University of Ankara, Faculty of Agriculture, Department of Horticulture. Verlag Eugen Ulmer GmbH ve Co. Stuttgard

Sevgican, A., 1999. Örtü Altı Sebzeciliği, Cilt-1. E.Ü. Ziraat Fakültesi, Bahçe Bitkileri Bölümü. Ege Üniversitesi Ziraat Fakültesi Yayınları, no:528, Bornova-İzmir.

Shaw, R.H. and Loomis, W.E., 1950. Bases for the Production of Corn Yields. Plant Physiology 25, 225-244.

Shoemaker, S.J., 1949. Vegetable Growing. John Wiley and sons Inc. London Chalpman Hall Limited. Third Printing.

Silva, R.F., Koch, R.B., Moore, E.L., 1982. Effect of Extraction Procedures on Tomatao Seed Germination and Vigour. Seed Sci. & Tech. 10, 187-191.

Sinniah, U.R., Ellis, R.H., John, P., 1998. Irrigation and Seed Quality in Rapid Cycling Brassica. Seed Germination and longevity. Annals of Botany 82, 309-314.

Siddique, A.B. and Wright, D., 2003. Genetic Resources and Seed Division, Bangladesh, Jute Research Institute. School of Agricultural and Forest Sciences, University of Wales, Bangor, Gwynedd, United Kingdom.

Sivritepe, Ö., 1999. Sebze Tohumlarında Kalite Performansın Artırılması Üzerine Osmotik Koşullandırma Uygulamalarının Etkileri. Türkiye 3. Ulusal Bahçe Bitkileri Kongresi, s: 525-529, Ankara.

Stil, D.W., 1999. The Development of Seed Quality in Brassicas. Hort Technology 9, 335-340.

Şehirali, S., 1986. Yemeklik Tane Baklagiller. A. Ü. Ziraat Fakültesi, Yayınları, Ankara.

Şehirali, S., 1997. Tohumluk ve Teknolojisi. Trakya Üniversitesi, Tekirdağ Ziraat Fakültesi, Tarla Bitkileri Bölümü, Fakülteler Matbaası, İstanbul.

Tekrony, D.M., Egli, D.B., Philips, J.A.D., 1980. Effect of Field Weathering on Viability and Vigor of Soybean Seed. Agronomy Journal, 72:749-753.

Tekrony, D.M. and Hunter, J.L., 1995. Effect of Seed Maturation and Genotype on Seed Vigour in Maize. Crop Sci.35, 857-862.

Tekrony, D.M. and Egli, D.B., 1997. Accumulation of Seed Vigour During Development and Maturation. Kluwer Academic Publishers, 369-384.

Thompson, C.H. and Kelly, W.C., 1957. Vegetable Crops. Mc Graw Hill Book Company, Inc. New York, Toronto, London.

Thomas, T.H., Biddington, N.L., O'Toole, D.F., 1979. Relationship Between Position on the Parent Plant and Dormancy Charecteristics of Three Cultivars of Celery. Physiologia Plantorum, 45: 492-496.

Trammel, C.A., 1983. Influence of Maturity Level of Variety Responce of Southernpea to Desiccation by Glyphosate. M.S. Thesis. Mississipie State University.

Welbaum, G.E., 1999. Cucurbit Seed Development and Production. Hort Technology 9, 341-348.

Wilson, D.Q. and Trawatha, S.E., 1991. Physiological Maturity and Vigour in Production of Florida Sweet Corn. Crop Sci. 31, 1640-1647.

Valdes, V.M. and Gray, D., 1998. The Influence of Stage of Fruit Maturation on Seed Quality in Tomato. Seed Sci. & Tech. 26, 309-318.

Venter, H.A., Demir, İ., Meillon, S., Loubser, W. 1996. Seed Development and Maturation in Edible Dry Bean. South African Journal of Plant and Soil 13, 47-50.

Verma, O.P., Singh, P.H., Kushwaha, G.D., 1998. Infuluence of the Order of Capsule on Seed Content and its Quality in Okra. Seed Research, 26(2):178-179.

Vural, H., Eşiyok, D., Duman, İ., 2000. Kültür Sebzeleri. Ege Üniversitesi Ziraat Fakültesi, Bahçe Bitkileri Bölümü, İzmir.

Yamaguchi ,Y., 1983. World Vegetables. Van Nostrand Reinhold Company Inc., New-York.

Zanakis, G., Ellis, R.H., Summerfield, R.J., 1994. Seed Quality in Relation to Seed Development and Maturation in Three Genotypes of Soybean. Eksperimental Agriculture 30, 139-156.

Printed by Books on Demand GmbH, Norderstedt / Germany